Y.Rameswara Reddy

Maquinação por jato abrasivo de ar quente para PMMA

Y.Rameswara Reddy

Maquinação por jato abrasivo de ar quente para PMMA

Método de maquinagem moderno para polimetacrilato de metilo

ScienciaScripts

Imprint
Any brand names and product names mentioned in this book are subject to trademark, brand or patent protection and are trademarks or registered trademarks of their respective holders. The use of brand names, product names, common names, trade names, product descriptions etc. even without a particular marking in this work is in no way to be construed to mean that such names may be regarded as unrestricted in respect of trademark and brand protection legislation and could thus be used by anyone.

Cover image: www.ingimage.com

This book is a translation from the original published under ISBN 978-620-6-77021-3.

Publisher:
Sciencia Scripts
is a trademark of
Dodo Books Indian Ocean Ltd. and OmniScriptum S.R.L publishing group

120 High Road, East Finchley, London, N2 9ED, United Kingdom
Str. Armeneasca 28/1, office 1, Chisinau MD-2012, Republic of Moldova, Europe
Printed at: see last page
ISBN: 978-620-7-65540-3

Conteúdo

RESUMO....2
CAPÍTULO - 1....3
CAPÍTULO - 2....28
CAPÍTULO - 3....31
CAPÍTULO - 4....42
CAPÍTULO - 5....50
CAPÍTULO - 6....52
REFERÊNCIAS....53

RESUMO

A maquinação por jato abrasivo de ar quente (HAJM) está a tornar-se uma das técnicas de maquinação mais proeminentes para o polimetacrilato de metilo (PMMA) e outros materiais frágeis. Nesta tentativa, foi feita uma combinação de abrasivo e ar quente para formar um jato de ar quente abrasivo. A maquinação por jato de ar quente abrasivo pode ser associada a diferentes tarefas, por exemplo, perfuração, riscagem de superfícies, ranhuras e acabamento em pequena escala no vidro e nos seus compósitos. O impacto da temperatura do ar na taxa de expulsão de material associada ao processo de esculpir e riscar vidro é abordado neste artigo. O carácter desagradável da superfície maquinada é também investigado. Descobriu-se que a taxa de remoção de material (MRR) aumenta à medida que a temperatura do meio de transporte (ar) aumenta. No presente trabalho, tenta-se investigar as características de maquinação do material PMMA na maquinação por jato abrasivo de ar quente. Na maquinação por jato abrasivo de ar quente (HAJM), as partículas abrasivas permanecem fundidas por ar compactado numa câmara fechada e são intensivas sobre a superfície do objetivo através de um bocal. O fluxo de partículas que sai do bocal a uma velocidade muito elevada (175-300m/s) impacta a superfície do objetivo e elimina o material por destruição. A investigação tem de ser efectuada para estudar o efeito dos parâmetros do processo, como a taxa de remoção de material (MRR) e a rugosidade da superfície (SR), com diferentes parâmetros de entrada, como a pressão do ar, o tamanho dos abrasivos, a distância de afastamento e a temperatura do gás de transporte. Neste processo experimental, serão utilizados bicos revestidos de carboneto de tungsténio para o fluxo de partículas de carboneto de silício (sic).

O poli(metacrilato de metilo) (PMMA), também considerado como vidro acrílico, material acrílico, ou plexiglass, bem como usando os nomes de mudança Crylux, Plexiglas, Acrylate, Lucite.O PMMA é um termoplástico óbvio, a fórmula química do PMMA é (C5O2H8)n tem boas propriedades, como peso leve, 92% de efeito de luz visível transparente dentro de 3 mm de material espesso, boa resistência para comparar com outro poliestireno. é principalmente útil em áreas como hospitais, automóveis, aeroespacial, defesa, aquário, painéis de janela.

Palavras-Chave : Maquinação a jato de abrasivos por ar quente-HAJM, PMMA , análise Taguchi, método MCDM- TOPSIS .

CAPÍTULO - 1

INTRODUÇÃO

1.1 INTRODUÇÃO

Assim, Merchant (1960) explicou a necessidade do desenvolvimento de novos processos de remoção de material através da adoção de uma linguagem de programação uniforme. Estes novos métodos são designados por não tradicionais, no sentido em que as ferramentas tradicionais não são utilizadas para o processo de remoção de material. A seleção e a aplicação da maquinagem recentemente desenvolvida são determinadas pelas propriedades do material, tais como a temperatura, a condutividade térmica e a condutividade eléctrica. A maquinagem é a forma de cortar o metal para formar uma peça preferida. Na maior parte das vezes, existem dois grandes arranjos de procedimentos de maquinagem, que são 1. Tradicional 2. Não convencional O procedimento de maquinação regular utiliza um dispositivo de corte afiado para cortar o metal. No processo de maquinação habitual, o contacto físico foi feito entre a peça de trabalho e a tomada e o metal é expelido como a lasca. O torneamento, a penetração, a martelagem, a proposta, são um caso do processo de maquinagem normal. No processo de maquinação não convencional, não há contacto físico entre a peça e o aparelho.

Empresas como os reactores atómicos, os transportes aéreos, os veículos, etc., que dependem do estado anormal de inovação e conceção, requerem alguns instrumentos e avanços invulgares das máquinas que possam satisfazer as suas necessidades. Um dos impedimentos do método de maquinação habitual é o aumento da dureza dos materiais de trabalho, o que provoca uma diminuição do ritmo de corte financeiro. Por isso, acabou por ser incontrolável cortar materiais de qualidade superior que estão a surgir recentemente. A idade do modelo complexo com montagem subtractiva é outro problema do sistema de montagem convencional. Os processos de fabrico impulsionados podem ser caracterizados da seguinte forma.

1.2 Classificação do processo de maquinagem moderno

1. Com base na energia mecânica

a) Maquinação por jato abrasivo (AJM)
b) Maquinação por jato de água (WJM)
c) Maquinação por ultra-sons (USM)
d) Maquinação por jato de fluxo abrasivo (AFJM)
e) Maquinação por jato de água abrasiva (AWJM)

2. Baseado na energia química

a) Gravura química (CE)
b) Maquinação química (CM)
c) Maquinação com cloro quente (HCM)

3. Baseado em energia eletroquímica

a) Maquinação eletroquímica (ECM)
b) Retificação eletroquímica (ECG)

4. Com base na energia termoeléctrica

a) Maquinação por arco plasma (PAM)
b) Maquinação por feixe laser (LBM)
c) Maquinação por feixe de electrões (EBM)

d) Maquinação por Descarga Eléctrica (EDM)
e) Maquinação por feixe de iões (IBM)

A maquinagem por jato abrasivo de ar quente tem um maior grau de flexibilidade. A maquinagem por jato abrasivo de ar quente aplica-se a muitos fins de operação, como perfuração, limpeza e gravação, pelo que é sobretudo utilizada na maquinagem de vidro, cerâmica, compósitos, ótica eléctrica, metamateriais e plásticos. A taxa de remoção de material (MRR) e a rugosidade da superfície são as características mais essenciais na maquinagem de aços, ligas de alumínio e poli(metacrilato de metilo) (PMMA), o outro nome do poli(metacrilato de metilo) (PMMA) é também chamado de vidro acrílico ou plexiglass, bem como pelos nomes comerciais Crylux, Plexiglas, Acrylite, Lucite, a maior parte das folhas de PMMA de qualidade são produzidas pelo processo de fundição celular. A densidade do PMMA varia de 1,17 a 1,20 g/cm^3 . É metade inferior à do material de vidro e o ponto de fusão do PMMA varia entre (160/320 f,433K). O material PMMA é muito leve e mais resistente. O material acrílico pode transmitir até 92% dos efeitos da luz visível com 3MM de espessura. A estabilidade ambiental da massa acrílica é melhor do que a do polietileno e do poliestireno. O material era sobretudo aplicável em exteriores, automóveis e transportes, eletrónica, aquários, medicina e cuidados de saúde, mobiliário e arquitetura e construção.

Necessidade de um processo de maquinagem moderno

As indústrias tecnológicas em desenvolvimento, como a automóvel, a de reactores nucleares, a aeroespacial, etc., exigem uma maior resistência, dureza, tenacidade e outras propriedades diferentes. Estas propriedades podem ser obtidas através do desenvolvimento de um material de ferramenta de corte melhorado durante o processo convencional, o aumento da dureza da remoção de material na diminuição da velocidade de corte da ferramenta devido à baixa velocidade de corte, a precisão do diâmetro e o acabamento da superfície e da superfície de materiais duros como o titânio, o aço inoxidável, os estiletes, a resistência à temperatura de alta resistência, etc., não é possível através de um método convencional.

Exemplo: Maquinação de uma complicada pá de turbina feita de superligas, produzindo furos e ranhuras em materiais como semicondutores de vidro cerâmico.

Maquinação por jato abrasivo (AJM)

O ar de alta pressão do compressor passa através de filtros e válvulas de controlo para a câmara de mistura. As partículas abrasivas e o gás de transporte são bem misturados na câmara de mistura e uma corrente de gás abrasivo misturado passa através de um bocal na peça de trabalho. Este provoca uma indentação na peça a trabalhar. A indentação resulta, em última análise, na captura de partículas da superfície de trabalho.

O princípio de funcionamento do processo é muito simples. A maquinagem por jato abrasivo (AJM) consiste na remoção de material de uma peça de trabalho através da aplicação de uma corrente de alta velocidade de partículas abrasivas transportadas num meio gasoso a partir de um bocal. O processo AJM é diferente do jato de areia convencional, uma vez que o abrasivo é muito mais fino e os parâmetros do processo e a ação de corte são cuidadosamente regulados. O processo é utilizado principalmente para cortar formas complexas em materiais duros e quebradiços e em materiais dúcteis que são sensíveis ao calor e têm tendência a lascar facilmente. O processo também é utilizado para operações de perfuração, rebarbação e limpeza. O AJM é fundamentalmente isento de problemas de vibração e vibração devido à ausência de ferramenta física. A ação de corte é fria porque o próprio gás de transporte serve de refrigerante e elimina o calor.

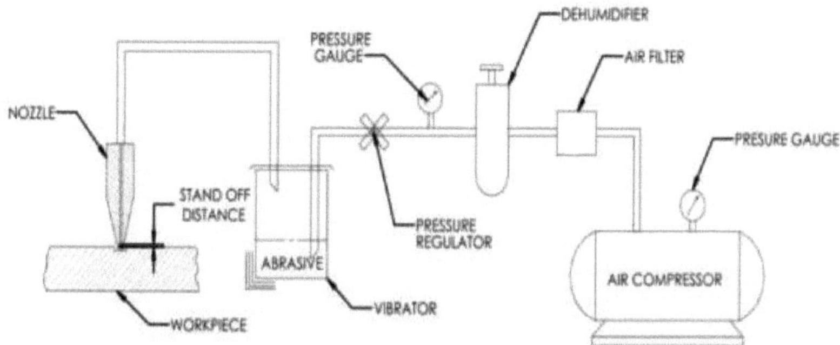

Figura 1.1: diagrama esquemático da maquinagem por jato abrasivo

Características do processo de maquinagem moderno

1) Os materiais com elevada dureza, resistência térmica e resistência ao desgaste podem ser facilmente maquinados.

2) Pode ser produzida uma forma irregular complexa, como cantos afiados, orifício quadrado, orifício de drenagem, etc.

3) Os defeitos de superfície, tais como fissuras, falhas, porosidade, causados pela maquinagem tradicional, são eliminados.

4) Alta resistência pode ser sempre maquinada a alta velocidade de corte

5) O processo de maquinação pode ser integrado com um sistema informático que proporciona uma elevada fiabilidade, precisão e acabamento superficial,

6) Taxas de produção mais elevadas, transmissão de dados automatizada e mini atomização tornam-no altamente eficiente.

7) O processo pode ser integrado com controlo adaptativo para uma utilização óptima e permitir a maquinação automatizada.

O fator a considerar durante a seleção do processo de maquinagem moderno para uma determinada peça de trabalho

1) Tamanho e forma do material necessário a produzir.

2) Parâmetro físico dos materiais.

3) Capacidades do processo, tais como taxa de remoção de metal, tolerância esperada, acabamento da superfície, requisitos de potência, etc,

4) Tipo de operação, como fazer furos, cortar ranhuras, etc.

5) Consideração económica**.**

Vantagens do processo de maquinagem moderno

1) Acabamento superficial elevado.

2) Pode maquinar material sensível ao calor.

3) É livre de vibrações.

4) O custo de inicialização é baixo em comparação com outros processos não tradicionais.

5) A secção fina pode ser facilmente maquinada.

6) O procedimento é isento de vibrações, uma vez que não há contacto entre o aparelho e a peça de trabalho.

7) O custo da aventura é baixo e não é definitivamente difícil trabalhar e cuidar do AJM.

8) Podem ser maquinadas partes instáveis de materiais delicados e duros como o alumínio, PMMA, silicone, vidro e louça de barro.

9) Tem o limite de cortar buracos de forma irregular em materiais duros e sem potência.
10) A metodologia de retificação de planos produz superfícies com elevado controlo de desgaste.

Desvantagens do processo de maquinagem moderno

1) Baixa taxa de remoção de metal em comparação com a maquinação convencional.
2) As partículas abrasivas podem ser incorporadas na peça de trabalho, principalmente em metais macios.
3) A vida útil do bocal é limitada, pelo que é necessário substituí-lo frequentemente.
4) A partícula abrasiva não pode ser reutilizada neste processo.
5) Limite limitado devido ao baixo MRR. O MRR para o vidro é de 40 gm/minuto.
6) Os abrasivos podem ficar inseridos na superfície de trabalho, especialmente ao maquinar materiais delicados como elastómeros ou plásticos delicados.
7) A precisão do corte é dificultada pela diminuição do intervalo, devido à inevitável abertura do plano da grelha.
8) É difícil evitar os cortes acidentais e, por isso, a precisão não é grande.
9) Um quadro de recolha de resíduos é uma necessidade fundamental para evitar a contaminação barométrica e os riscos para o bem-estar.
10) A vida útil dos bicos é limitada (300 horas).
11) Os pós ásperos não podem ser reutilizados porque as arestas afiadas estão gastas e as partículas mais pequenas podem entupir o bico.
12) Os restos curtos das separações, quando utilizados para cortar, danificam o bico.
13) A precisão do procedimento é fraca devido ao impacto da mosca áspera.
14) As aberturas profundas terão uma diminuição inadequada.
15) O procedimento não é bem acondicionado e causa contaminação.
16) Existe algum risco associado à utilização do processo AJM devido à presença de partículas em suspensão no ar. Ao utilizar a maquinagem com água em bruto, este problema pode ser resolvido.

Aplicação do AJM

A maquinação por jato de ar abrasivo tem várias aplicações potenciais. As suas capacidades de desempenho técnico e económico colocam-no entre as tecnologias mais exigentes na engenharia de processos químicos automóveis, na indústria de manutenção e na indústria de extração de carvão. Representa algumas aplicações do AJM.

1) O AJM é utilizado para raspar e colar vidro, cerâmica e refractários, tanto mais financeiramente quando comparado com a extração ou trituração.
2) Limpeza de pastas metálicas na produção de faiança, óxidos em metais, revestimento resistivo, etc.
3) O AJM é útil na produção de aparelhos electrónicos, na penetração de bolachas de vidro, na rebarbação de plásticos, na criação de peças de nylon e teflon, na estampagem duradoura em estênceis elásticos, no corte de folhas de titânio.
4) Despejo de pequenas peças fundidas e corte de linhas de separação de peças moldadas por infusão e peças forjadas.
5) Utilizar para gravar números de matrícula em vidro temperado utilizado em janelas de veículos.
6) Utilizada para cortar segmentos finos e delicados como germânio, silício, quartzo, mica, etc.
7) A criação de módulos em pequena escala para contacto elétrico e preparação de

semicondutores deverá ser possível com êxito.

8) Utilizada para perfurar, cortar, rebarbar, desenhar e limpar materiais duros e fracos.

9) Mais adequado para maquinar materiais frágeis e delicados ao calor, como vidro, quartzo, safira, mica, produção de faiança, germânio, silício e gálio.

10) É igualmente útil para rebarbar pequenas fendas como nas agulhas hipodérmicas e para pequenos espaços processados em peças metálicas duras.

11) 11. Tende a ser utilizado para a microusinagem de materiais fracos.

12) É utilizado em perfurações finas de penetração e abertura para o instrumento de ampliação eletrónico.

13) Utilizado para a limpeza de moldes e cavidades metálicas.

14) Limpar as superfícies de consumos, tintas, pastas e contaminantes diversos, nomeadamente os que se encontram distantes.

15) Rebarbação de agulhas e válvulas de água, nylon, Teflon e Delrin.

16) Gravura em vidro utilizando coberturas elásticas ou metálicas.

PARÂMETROS DO PROCESSO

Tabela 1.1 : Parâmetros do processo e sua influência na AJM

Parâmetros do processo e sua influência na ATM				
Corte Parâmetros	**Parâmetros de inspeção**	Conceção	**Abrasivo Para metros**	**Outros**
1.SOD Z.TianSov Kate 3.**Ângulo** de Impacto ANnmberOf Passa	1 .diâmetro 2.Comprimento	1 Conjunto do bocal 2 Câmara de mistura	1 Caudal de abrasivo 2 . Rácio de mistura 3 Tipo de abrasivo 4Tamanho do abrasivo	1. material de revestimento 2 - Ângulo de corte

PARÂMETROS DE CORTE

Efeito da distância de afastamento: A distância entre a superfície de trabalho e a ponta do bico na maquinagem por jato abrasivo é chamada distância de afastamento, abreviada como SOD. Uma maior SOD provoca o espalhamento do jato e, assim, a sua área de secção transversal aumenta com o sacrifício da velocidade do jato. Consequentemente, torna-se difícil maquinar ranhuras ou furos mais profundos; em vez disso, é cortada uma área mais ampla. Em alternativa, um SOD mais pequeno pode cortar uma ranhura ou um furo mais profundo mas estreito. Também aumenta o MRR. Assim, é necessário definir um valor ótimo da distância de separação para obter um desempenho satisfatório na maquinagem por jato abrasivo.

Efeito da taxa de translação : O movimento da cabeça de corte sobre a superfície de trabalho no plano horizontal é conhecido como taxa de deslocamento do jato abrasivo. O conjunto de bicos percorre um caminho pré-definido desejado para focar o jato abrasivo no perfil de corte. Uma menor velocidade de deslocação significa um maior tempo de exposição do jato abrasivo na superfície de trabalho e, consequentemente, uma maior quantidade de erosão do material. Mas existe um valor mínimo para a velocidade de deslocação abaixo do qual não se observa qualquer alteração significativa na quantidade de erosão do material.

Efeito do ângulo de impacto :

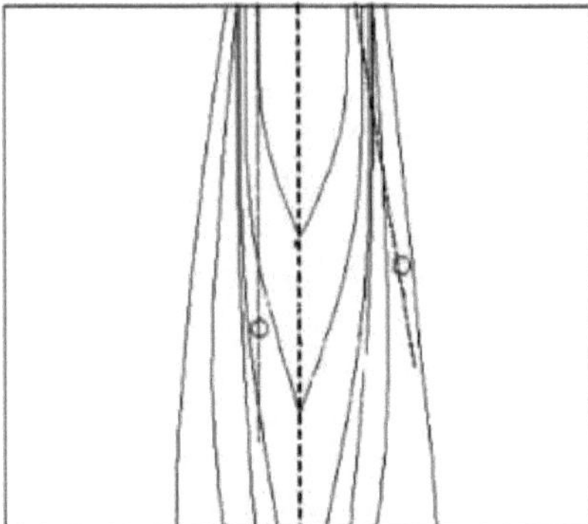

Figura 1.2 : Ângulo de impacto de diferentes partículas abrasivas

O ângulo de impacto (9), também designado por ângulo de pulverização ou ângulo de impacto, é basicamente o ângulo entre a superfície de trabalho e o eixo do jato abrasivo. Na prática, é mantido entre 60° e 90° para se obter um desempenho satisfatório no AJM. Um ângulo maior tende a criar uma penetração mais profunda, enquanto um ângulo menor tende a aumentar a área de maquinagem. Um ângulo de impacto (9) entre 70° e 80° proporciona melhores resultados em termos de taxa de remoção de material na maquinagem por jato abrasivo. O ângulo de impacto de diferentes partículas abrasivas é apresentado na Figura 1.2.

Número de passagens: O número de passagens descreve o efeito do corte multi-passos. Pode ser conseguido de duas formas, ou por um único jato com várias passagens.

PARÂMETROS DE MISTURA

Diâmetro de foco: O jato abrasivo da saída do bico diverge continuamente antes de atingir a superfície de trabalho. O diâmetro da secção transversal circular do jato abrasivo na superfície de trabalho é conhecido como diâmetro focalizado do AJM. É a área dentro da qual todas as partículas abrasivas corroem o material. As partículas abrasivas colidem umas com as outras no jato abrasivo, o que varia a forma, o tamanho e o ângulo de impacto das partículas abrasivas. Além disso, tornou-se uma variável importante para a largura do corte Kerf.

Comprimento do foco: A distância entre a câmara de mistura e a saída do bocal é designada por comprimento do foco e o tubo utilizado para o efeito é conhecido por tubo de mistura. É necessária uma certa distância de aceleração para acelerar as partículas abrasivas injectadas. O comprimento do tubo de mistura fornece essa distância. Para além do valor crítico do comprimento do foco, o atrito com as paredes do tubo começa a reduzir a velocidade das partículas abrasivas.

CONCEPÇÃO DOS PARÂMETROS

Câmara de mistura: Mistura significa o arrastamento gradual das partículas abrasivas com as do jato de ar de alta pressão. Durante o processo de mistura, as partículas abrasivas são gradualmente aceleradas devido à transferência de momento do jato. Quando o jato finalmente deixa o bocal de focalização e os abrasivos são assumidos como estando à mesma velocidade. A Fig.1.8 mostra esquematicamente o processo de mistura. Durante o processo de mistura, as partículas abrasivas são gradualmente aceleradas devido à transferência do momento da pressão do ar, quando o jato finalmente deixa o tubo de focalização para a superfície do material.

Conjunto do bico: O projeto do conjunto do bico (Figura 1.3) refere-se ao projeto de todos os componentes do bico. O diâmetro do bico determina o diâmetro do fluxo de partículas, o volume da câmara de mistura proporciona o espaço para a mistura da pressão do ar com as partículas abrasivas. O tubo de mistura dá às partículas abrasivas tempo suficiente para serem aceleradas pela pressão do ar e atingirem a energia cinética de modo a cortarem eficazmente.

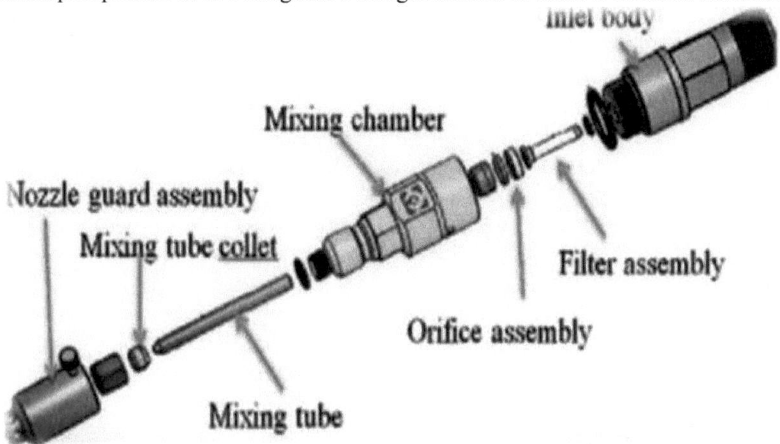

Figura 1.3: Montagem do bico

PARÂMETROS ABRASIVOS

Caudal de abrasivo : A energia cinética do jato abrasivo é utilizada para a remoção do metal por Erosão. O jato deve colidir com a superfície de trabalho com uma certa velocidade mínima para a erosão do vidro por carboneto de silício, a velocidade mínima do jato foi encontrada para ser 150 m / s. A velocidade do jato é a função da pressão do bico, design do bico

,granulometria do abrasivo e o número médio de abrasivos por volume de gás de transporte.

Rácio de mistura : O rácio de mistura (M) é o rácio entre o caudal mássico das partículas abrasivas e o caudal mássico do gás de transporte. Determina basicamente a concentração de abrasivos no jato. A razão de mistura pode ser aumentada através do aumento da percentagem de abrasivo e, nesse caso, nota-se uma tendência crescente na MRR porque um maior número de abrasivos participa na ação de micro-corte por unidade de tempo. No entanto, uma concentração excessiva de abrasivo no jato pode reduzir significativamente o MRR devido à diminuição da velocidade do jato (uma vez que a pressão do gás é constante) e à colisão inevitável (perda de energia cinética).

A MRR pode ser melhorada aumentando proporcionalmente o caudal de abrasivo e o caudal de gás ao mesmo ritmo, de modo a que a razão de mistura permaneça constante. Neste caso, tem de ser utilizada uma pressão mais elevada do gás de transporte. Para tal, é necessário utilizar tubagens e outros acessórios mais espessos e resistentes, de modo a suportar sem problemas uma pressão tão elevada sem fugas nem rupturas. O aumento indefinido do MRR não é viável na prática devido à capacidade limitada do equipamento e dos acessórios.

Tipo de abrasivo : Tal como referido anteriormente, a forma, o tamanho, a resistência, o material e a taxa de fluxo do abrasivo podem influenciar o desempenho da maquinagem. Os abrasivos de forma irregular com arestas vivas tendem a produzir uma MRR mais elevada em comparação com os grãos esféricos. Os grãos de tamanho mais pequeno produzem uma superfície altamente acabada, mas reduzem a taxa de remoção de material (MRR) e, por conseguinte, a produtividade diminui. Os grãos maiores podem novamente criar problemas durante a mistura e o fluxo através da tubagem. No entanto, a variação de tamanho em todo o volume deve ser baixa, caso contrário a estimativa ou avaliação não será exacta. Os materiais abrasivos têm uma resistência ou dureza variável. Quanto mais duro for o abrasivo em relação à dureza da superfície de trabalho, maior será a taxa de remoção de volume. É basicamente a dureza relativa entre os abrasivos e a peça de trabalho que determina a capacidade de maquinagem e a produtividade. O caudal mássico do abrasivo é normalmente controlado pela relação de mistura, cujos efeitos são também discutidos mais adiante nesta secção.

Tamanho do abrasivo: A taxa de remoção de metal depende do tamanho do abrasivo grão. Os grãos finos têm uma forma menos irregular e, por conseguinte, são menos cortantes. capacidade. Os grãos mais finos têm tendência a colar-se uns aos outros e verificar o bocal. A granulometria mais favorável é de 10 a 100 microns, os grãos grossos são recomendados para o corte, enquanto os grãos mais finos são úteis para o polimento, a remoção de rebarbas, etc,

OUTROS PARÂMETROS

Material de trabalho: HAJM é recomendado para a progressão do material frágil, como vidro, cerâmica, refractários, semicondutores, carboneto de cimento, etc. A maioria dos materiais dúcteis são praticamente não maquináveis por AJM. A taxa de remoção de metal foi encontrada para depender da dureza de Mohr do material a ser maquinado.

Ângulo de corte: A precisão da maquinagem depende também da forma do corte. Pode não ser possível maquinar um componente com cantos afiados devido ao corte estriado.

OTIMIZAÇÃO

A otimização de processos é a disciplina que consiste em ajustar um processo de modo a otimizar (utilizar da melhor forma ou da forma mais eficaz) um conjunto específico de parâmetros sem violar alguma restrição. Os objectivos mais comuns são a minimização dos custos e a maximização do rendimento e/ou da eficiência. Esta é uma das principais ferramentas quantitativas na produção industrial. Ao otimizar um processo, o objetivo é maximizar uma ou mais especificações do processo, mantendo todas as outras dentro dos seus limites. Isto pode ser feito utilizando uma ferramenta de prospeção de processos, descobrindo as actividades críticas e os estrangulamentos, e actuando apenas sobre eles.

Diferentes tipos de técnicas de otimização

1. Método de Lagrange
2. Programação geométrica
3. Programação de objectivos
4. Programação dinâmica
5. Lógica difusa
6. Algoritmo genético
7. Métodos MCDM
8. Técnica de Taguchi
9. Metodologia de superfície de resposta

Tomada de decisão com critérios múltiplos (MCDM)

Os fabricantes industriais estão sempre a tentar reduzir o custo de produção e o tempo, ao mesmo tempo que aumentam a taxa de produção elevada, o que proporcionará a boa qualidade dos produtos e a precisão da maquinagem, sendo necessário o processo de parâmetros de uma forma metódica para obter boas características e uma resposta extrema curta, utilizando métodos experimentais e modelos estatísticos. O método de abordagem por semelhança MCDM-TOPSIS é adequado para resolver o problema de corte. como AJM, HAJM, WAJM, WJM, com um número menor de tabuleiros em comparação com outros modelos factoriais e também é aplicável ao WEM (K.Anandbabu 2017) relatou que o método AHP DENG também pode ser aplicado a todos os compostos.

O método de abordagem por semelhança MCDM TOPSIS é muito útil para obter uma boa solução para os problemas de otimização no processo de produção.

A tomada de decisões com critérios múltiplos (MCDM) consiste em tomar decisões na presença de critérios múltiplos, normalmente contraditórios. Os problemas de MCDM são comuns na vida quotidiana. No contexto pessoal, a casa ou o carro que se compra podem ser caracterizados em termos de preço, tamanho, estilo, segurança, conforto, etc. No contexto empresarial, os problemas de gestão do ciclo de vida são mais complicados e geralmente de grande escala. Por exemplo, muitas empresas na Europa estão a efetuar uma autoavaliação organizacional utilizando centenas de critérios e subcritérios definidos no modelo de excelência empresarial da EFQM (Fundação Europeia para a Gestão da Qualidade). Os departamentos de compras das grandes empresas têm frequentemente de avaliar os seus fornecedores utilizando uma série de critérios em diferentes domínios, como o serviço pós-venda, a gestão da qualidade, a estabilidade financeira, etc. Embora os problemas de MCDM estejam constantemente a generalizar-se, a MCDM enquanto disciplina tem apenas uma história relativamente curta, de cerca de 30 anos. O desenvolvimento da disciplina MCDM está intimamente relacionado com o avanço da tecnologia informática. Por um lado, o rápido desenvolvimento da tecnologia informática nos últimos anos tornou possível efetuar uma análise sistemática de problemas complexos de MCDM. Por outro lado, a utilização generalizada dos computadores e das tecnologias da informação gerou uma enorme quantidade de informação, o que torna a MCDM cada vez mais importante e útil no apoio à tomada de decisões empresariais.

Existem muitos métodos disponíveis para resolver problemas de MCDM

Estão disponíveis os seguintes métodos MCDM

1) Método de aleatorização de índices agregados (AIRM)
2) Processo de hierarquia analítica (AHP)
3) Processo de rede analítica (ANP)
4) Processo de trave de equilíbrio
5) Método do critério de base (BCM)
6) Método do melhor pior (BWM)
7) Modelo Brown-Gibson
8) Método dos Objectos Característicos (COMET)
9) Seleção por vantagens (CBA)
10) Análise envoltória de dados
11) Perito em decisões (DEX)
12) Desagregação - Abordagens de agregação (UTA, UTAII, UTADIS)
13) Conjunto aproximado (abordagem de conjunto aproximado)
14) Abordagem do conjunto aproximado baseado na dominância (DRSA)
15) ELECTRE (Ultrapassagem)
16) Avaliação baseada na distância da solução média (EDAS)
17) Abordagem de raciocínio probatório (ER)
18) Programação por objectivos (PG)
19) Análise relacional cinzenta (GRA)

20) Produto interno de vectores (IPV)
21) Medição da atratividade através de uma técnica de avaliação baseada em categorias (MACBETH)
22) Técnica de classificação multiatributo simples (SMART)
23) Tomada de decisão multicritério estratificada (SMCDM)
24) Inferência Global de Qualidade Multi-Atributo (MAGIQ)
25) Teoria da utilidade multiatributo (MAUT)
26) Teoria do valor multiatributo (MAVT)
27) Tomada de Decisão Markoviana com Múltiplos Critérios
28) Nova abordagem da avaliação (NATA)
29) Sistema de Apoio à Decisão Fuzzy Não Estrutural (NSFDSS)
30) Potencialmente todas as classificações em pares de todas as alternativas possíveis (PAPRIKA)
31) PROMETHEE (Ultrapassagem)
32) Classificação baseada em pontos óptimos (RBOP)
33) Análise de Aceitabilidade Multicritério Estocástica (SMAA)
34) Método de classificação da superioridade e da inferioridade (método SIR)
35) Técnica de ordenação de prioridades por semelhança com a solução ideal (TOPSIS)
36) Análise de valor (VA)
37) Engenharia de valor (VE)
38) Método VIKOR
39) Modelo de produto ponderado (WPM)
40) Modelo de soma ponderada (WSM)

Principais características da MCDM Em geral

Existem dois tipos distintos de problemas MCDM devido às diferentes configurações dos problemas: um tipo com um número finito de soluções alternativas e o outro com um número infinito de soluções. Normalmente, nos problemas associados à seleção e avaliação, o número de soluções alternativas é limitado. Nos problemas relacionados com a conceção, um atributo pode assumir qualquer valor num intervalo. Por conseguinte, as soluções alternativas potenciais podem ser infinitas. Se for este o caso, o problema é designado por problemas de otimização de múltiplos objectivos em vez de problemas de decisão de múltiplos atributos. A nossa atenção centrar-se-á nos problemas com um número finito de alternativas.

Um problema MCDM pode ser descrito através de uma matriz de decisão. Suponhamos que existem m alternativas a avaliar com base em n atributos, uma matriz de decisão é uma matriz n mx em que cada elemento y_{ij} é o valor do atributo j^{th} da alternativa i^{th} . Embora os problemas de GCDM possam ser muito diferentes em termos de contexto, partilham as seguintes características comuns Os **múltiplos atributos/critérios formam frequentemente uma hierarquia**

Quase todas as alternativas, como uma organização, um plano de ação ou um produto de qualquer tipo, podem ser avaliadas com base em atributos. Um atributo é uma propriedade, qualidade ou caraterística das alternativas em causa. Alguns atributos podem subdividir-se em níveis inferiores de atributos, denominados subatributos. Para avaliar uma alternativa, é estabelecido um critério para cada atributo. Devido à correspondência de um para um entre atributo e critério, por vezes os atributos são também designados por critérios e utilizados indistintamente no contexto da MCDM. A própria MCDM pode também ser designada por Análise de Decisão por Atributos Múltiplos (MADA) se existir um número finito de alternativas.

Conflito entre critérios

Normalmente, os critérios múltiplos entram em conflito uns com os outros. Por exemplo, na conceção de um automóvel, o critério de maior economia de combustível pode implicar uma redução do nível de conforto devido ao menor espaço para os passageiros.

Natureza híbrida

1) Unidades incomensuráveis : Um atributo pode ter uma unidade de medida diferente. No problema de seleção de um automóvel, a economia de combustível é medida em milhas por galão e o preço é expresso em libras esterlinas, etc. Em muitos problemas de decisão, os atributos podem mesmo ser não quantitativos, como por exemplo a caraterística de segurança de um automóvel que pode ser indicada de forma não numérica.

2) Mistura de atributos qualitativos e quantitativos : É possível que alguns atributos possam ser medidos numericamente e outros atributos apenas possam ser descritos subjetivamente. Por exemplo, o preço de um automóvel é numérico e o nível de conforto é qualitativo.

3) Mistura de atributos determinísticos e probabilísticos: Por exemplo, no problema da seleção do automóvel, o preço do automóvel é determinístico e a economia de combustível pode ser aleatória. A economia de combustível varia em função das condições da estrada, do tráfego e das condições climatéricas.

Incerteza

1) Incerteza nos juízos subjectivos

É comum que as pessoas não tenham 100% de certeza quando fazem julgamentos subjectivos.

2) Incerteza devida à falta de dados ou a informações incompletas

Por vezes, a informação sobre alguns atributos pode não estar totalmente disponível ou mesmo não estar disponível de todo.

- **Grande escala:** um problema real de MCDM pode consistir em centenas de atributos. Por exemplo, no modelo de excelência empresarial da European Foundation for Quality Management (EFQM), existem 3 níveis de critérios, 9 critérios no nível 1, 32 no nível 2 e 174 no nível 3. Num modelo de avaliação de fornecedores de uma grande empresa internacional, existem 10 critérios de nível 1 e mais de 900 subcritérios.
- **A avaliação pode não ser conclusiva:** devido à falta de informação, ao conflito entre critérios, às incertezas na apreciação subjectiva e às diferentes preferências dos diferentes decisores, os resultados finais da avaliação podem não ser conclusivos. Poderá haver muitas soluções para um problema de GCDM, como se indica a seguir.

Soluções MCDM

Os problemas de MCDM podem nem sempre ter uma solução conclusiva ou única. Por conseguinte, são dados nomes diferentes a soluções diferentes, consoante a natureza das mesmas.

Solução ideal: Todos os critérios num problema de MCDM podem ser classificados em duas categorias. Os critérios que devem ser maximizados estão na categoria dos critérios de lucro, embora possam não ser necessariamente critérios de lucro. Do mesmo modo, os critérios que devem ser minimizados pertencem à categoria dos critérios de custo. Uma solução ideal para um problema de MCDM seria maximizar todos os critérios de lucro e minimizar todos os critérios de custo. Normalmente, esta solução não é possível de obter. A questão é saber qual seria a melhor solução para o decisor e como obter essa solução.

Soluções não dominadas : Se não for possível obter uma solução ideal, o decisor pode procurar soluções não dominadas. Uma alternativa (solução) é dominada se existirem outras alternativas que sejam melhores do que a solução em pelo menos um atributo e tão boas como ela noutros atributos. Uma alternativa é considerada não dominada se não for dominada por nenhuma outra alternativa.

Soluções satisfatórias : As soluções satisfatórias são um subconjunto reduzido das soluções viáveis, em que cada alternativa excede todos os critérios esperados. Uma solução satisfatória pode não ser uma solução não dominada. O facto de uma solução ser satisfatória depende do nível de expetativa do decisor.

Soluções preferenciais : Uma solução preferida é uma solução não dominada que melhor satisfaz as expectativas do decisor.

MCDM Diferentes tipos de métodos

Existem dois tipos de métodos MCDM. Um é compensatório e o outro é não compensatório.

Métodos não compensatórios

Os métodos não-compensatórios não permitem a compensação entre atributos. Um valor desfavorável num atributo não pode ser compensado por um valor favorável noutros atributos. Cada atributo deve ser considerado isoladamente. Por conseguinte, as comparações são efectuadas atributo a atributo. Os métodos MCDM desta categoria são reconhecidos pela sua simplicidade. Exemplos destes métodos incluem.

- **Método da dominância:** Eliminar todas as alternativas dominadas. Pode haver mais do que uma solução **Z** Encontrar o valor do atributo mais fraco (min) de cada alternativa e, em seguida, escolher a alternativa com o melhor (max) valor do atributo mais fraco. A lógica é que uma cadeia é tão forte quanto o seu elo mais fraco. Este método só é aplicável quando os valores dos atributos são comparáveis entre si, medidos na mesma unidade ou transformados numa escala comum.
- **Método Maximax :** Ao contrário do método Maximin, o método Maximax selecciona uma alternativa pelo seu melhor valor de atributo. Também só é aplicável quando os atributos são comparáveis.
- **Método das restrições conjuntivas:** Ao estabelecer uma norma mínima para cada atributo, o processo de seleção ou de avaliação das alternativas é simplificado para comparar cada atributo com a sua norma. Se a norma refletir as expectativas do decisor, as soluções obtidas são soluções satisfatórias.
- **Método das restrições disjuntivas:** Este método avalia uma alternativa em função do seu melhor atributo, independentemente de todos os outros atributos. Estas técnicas podem ter os seus domínios de aplicação em que são razoáveis, mas podem não ser muito úteis para a tomada de decisões em geral.

Métodos de compensação

Os métodos compensatórios permitem compromissos entre atributos. Uma ligeira diminuição de um atributo é aceitável se for compensada por uma melhoria de um ou vários outros atributos. Os métodos compensatórios podem ser classificados nos 4 subgrupos seguintes.

Métodos de pontuação

O método de pontuação selecciona ou avalia uma alternativa de acordo com a sua pontuação (ou utilidade). **A utilidade** ou pontuação é utilizada para exprimir a preferência do decisor. Transforma os valores dos atributos numa escala de preferência comum, como [0,1], de modo a permitir comparações entre diferentes atributos. Um método muito popular nesta categoria é o método de ponderação aditiva simples. Este método calcula a pontuação global de uma alternativa como a soma ponderada das pontuações dos atributos ou utilidades. O método

AHP (Analytical Hierarchy Process) é outro método popular nesta categoria. Este método calcula as pontuações de cada alternativa com base em comparações entre pares.

Métodos de compromisso

O método de compromisso selecciona a alternativa que mais se aproxima da solução ideal. O **método TOPSIS (Technique for Order Preference by Similarity to Ideal Solution)** pertence a esta categoria. Este método começa por normalizar a matriz de decisão de um problema MCDM. Em seguida, com base na matriz de decisão normalizada, calcula as distâncias ponderadas de cada alternativa em relação a uma solução ideal e a uma solução nadir.

Métodos de concordância

O método de concordância gera uma classificação de preferências que melhor satisfaz uma determinada medida de concordância. O método de atribuição linear é um dos exemplos desta família. Neste método, acredita-se que uma alternativa com muitos atributos altamente classificados deve ser classificada numa posição elevada.

Abordagem de raciocínio probatório

A abordagem do raciocínio probatório (ER) é o mais recente desenvolvimento no domínio da gestão da mudança de comportamento (MCDM) [Yang e Xu 2000, Yang 2001; Yang e Singh, 1994]. É diferente dos três métodos convencionais acima referidos. Em vez de descrever um problema de GGC com uma matriz de decisão, a abordagem ER utiliza uma matriz de decisão alargada, em que cada atributo de uma alternativa é descrito por uma avaliação distribuída utilizando uma estrutura de crenças. Por exemplo, o resultado da avaliação distribuída da qualidade de um motor de automóvel pode ser {(Excelente, 60%), (Bom, 40%), (Médio, 0%), (Medíocre, 0%), (Pior, 0%)}, o que significa que a qualidade do motor do automóvel é avaliada como Excelente com 60% de grau de crença e Bom com 40% de grau de crença. As vantagens da utilização de uma avaliação distribuída incluem a possibilidade de modelar dados precisos e, entretanto, captar vários tipos de incertezas, como as probabilidades e a imprecisão dos juízos subjectivos. Por exemplo, num inquérito aos consumidores, se 20% dos clientes avaliarem o serviço pós-venda de uma loja de informática como excelente, 30% como bom e 50% como médio, não é necessário agregar a informação antes de a utilizar. A avaliação distribuída aceita a informação bruta tal como ela é. Descreve e trata as incertezas utilizando o conceito de graus de crença.

- **Ausência de dados :** A ausência de dados é utilizada para descrever uma situação em que não existem dados disponíveis para avaliar um atributo. Se for esse o caso, a soma total dos **graus de crença** na **avaliação distribuída** para esse atributo será 0.
- **Descrição incompleta de um atributo :** Trata-se de uma situação em que os dados para a descrição de um atributo estão parcialmente disponíveis. Se for esse o caso, a soma total dos **graus de crença** na **avaliação distribuída** para esse atributo situar-se-á entre 0% e 100%.
- **Natureza aleatória de um atributo :** Alguns atributos são de natureza aleatória. Por exemplo, o consumo de combustível de um automóvel em milhas por galão não é um número determinístico. Dependendo das condições da estrada, do tráfego e das estações do ano, o valor varia. A natureza do consumo de combustível será descrita por uma distribuição de probabilidades. Se for esse o caso, a distribuição de probabilidades será transformada nos **graus** de crença na **avaliação distribuída** para o atributo.

Vantagens dos métodos MCDM

Os métodos MCDM fornecem um recurso quantitativo para ajudar em situações de tomada de decisão em que existem objectivos múltiplos e contraditórios medidos em unidades diferentes.

As principais vantagens do MCDM incluem tornar uma decisão mais clara para os outros, fornecer um meio de estruturar o problema e trabalhar com a informação e ajudar as pessoas a reconhecerem melhor um problema na sua própria perspetiva e na dos outros. As vantagens globais das abordagens MCDM são enumeradas a seguir:

> É aberto e explícito.

> A escolha dos objectivos e dos critérios para qualquer problema de decisão é suscetível de ser analisada e alterada, se for considerada inadequada.

> Permite considerar simultaneamente uma série de objectivos diferentes.

> Sendo uma abordagem multidisciplinar, pode ser aplicada a um vasto campo de situações de tomada de decisões na vida real.

> Isto proporciona uma abordagem sistémica que demonstra soluções de compromisso entre as questões em conflito.

> Constitui um importante meio de comunicação no seio do grupo de decisão e, por vezes, entre uma comunidade mais alargada.

> As suas pontuações e ponderações, quando utilizadas, também são explícitas e são desenvolvidas de acordo com técnicas estabelecidas. Estes podem também ser cruzados com outras fontes de informação sobre valores relativos e alterados, se necessário.

> Proporciona um processo de tomada de decisão prático, facilitando a incorporação da subjetividade e da experiência da vida real dos decisores.

> Ajuda a ver quais seriam as consequências de atribuir uma ordem de importância diferente a diferentes objectivos ou de fazer avaliações diferentes do desempenho das opções disponíveis em relação a diferentes objectivos.

> É mais fácil adotar uma conceção orientada para a avaliação, sendo esta aperfeiçoada à medida que o processo de conceção se desenvolve.

> Ajuda a estruturar corretamente um problema de gestão.

> Fornece um modelo que pode servir de ponto de partida para o debate.

> Oferece um processo que conduz a decisões racionais, justificáveis e explicáveis.

> Acelera o processo de resolução de problemas em qualquer organização.

> Trata de conjuntos mistos de dados que envolvem medições quantitativas e qualitativas.

> Está estruturado de forma a permitir um planeamento participativo e um sistema de tomada de decisões.

> A decisão tomada é transparente e construtiva, uma vez que permite ao DM compreender melhor a situação e ajuda a chegar a uma solução melhor e negociada.

> Elimina efetivamente a febre pessoal na escolha de uma determinada alternativa.

> Melhora a compreensão dos objectivos e das questões.

> Avalia corretamente os critérios de decisão seleccionados.

> Promove a identificação de uma opção sobre a qual se chega a um consenso de que é a melhor opção.

> Também mede a preferência de um DM em relação a cada critério de decisão e estabelece um equilíbrio entre os critérios conflituantes, proporcionando a decisão mais económica.

> Ajuda a criar consenso entre os gestores, facilitando o compromisso entre eles que favorece as alternativas concorrentes. Para ter um maior impacto em situações práticas de tomada de decisão, é necessário explorar mais as metodologias de tomada de decisão que podem ajudar os gestores a tomar decisões empresariais complexas e abranger suficientemente as facetas do problema.

TOPSIS

A Técnica de Ordem de Preferência por Similaridade à Solução Ideal (TOPSIS) é um método de análise de decisão multicritério. O TOPSIS baseia-se no conceito de que a alternativa escolhida deve ter a menor distância geométrica da solução ideal positiva (PIS) e a maior distância geométrica da solução ideal negativa (NIS).

É um método de agregação compensatória que compara um conjunto de alternativas identificando pesos para cada critério, normalizando as pontuações para cada critério e calculando a distância geométrica entre cada alternativa e a alternativa ideal, que é a melhor pontuação em cada critério. Um pressuposto do TOPSIS é que os critérios são monotonicamente crescentes ou decrescentes. A normalização é normalmente necessária, uma vez que os parâmetros ou critérios têm frequentemente dimensões incongruentes em problemas multicritérios. Os métodos compensatórios, como o TOPSIS, permitem compensações entre critérios, em que um mau resultado num critério pode ser anulado por um bom resultado noutro critério. Isto proporciona uma forma mais realista de modelação do que os métodos não compensatórios, que incluem ou excluem soluções alternativas com base em limites rígidos.

1.18.1 Método TOPSIS

O processo TOPSIS é efectuado da seguinte forma :

Etapa 1 :

Criar uma matriz de avaliação constituída por m alternativas e n critérios, com a intersecção de cada alternativa e critério dada como ***xij.*** Temos, portanto, uma matriz $(x_{ij})_{m\times n}$.

Etapa 2 :

A matriz $(x_{ij})_{m\times n}$ é então normalizada para formar a matriz *4 mxn*

$\mathbf{R} = (r_{ij})_{m\times n}$ utilizando o método de normalização. (1)

$$\bar{r}_{ij} = \frac{x_{ij}}{\sqrt{\sum_{k=1}^{m} x_{ij}^2}} \quad i = 1,2,3,\ldots\ldots m, \quad j = 1,2,3,\ldots\ldots n \qquad (2)$$

Etapa 3 :

Calcular a matriz de decisão normalizada ponderada,

$t_{ij} = r_{ij} \times w_j$ where , $i = 1,2,3,\ldots\ldots m$, $j = 1,2,3,\ldots\ldots n$ (3)

Where , $w_j = W_j / \sum_{k=1}^{n} W_k$, $j = 1,2,3,\ldots\ldots n$, so That $\sum_{k=1}^{n} W_k = 1$ and W_j is

o peso original do dado para o indicador *Vj* , j= 1,2,3 ,n.

Passo 4 :

Determinar a pior alternativa (A_w) e a melhor alternativa (A_b) :

$(A_w) = \{\langle max(\langle t_{ij} | i = 1,2,\ldots,m) \mid j \in J\rangle\}$,

$\{\langle min(\langle t_{ij} | i = 1,2,\ldots,m) | j \in J+\rangle\} = \{t_{wj} | j = 1,2,\ldots,n\}$,

$(A_b) = \{\langle min(\langle t_{ij} | i = 1,2,\ldots,m) \mid j \in J\rangle\}$,

$\{\langle max(\langle t_{ij} | i = 1,2,\ldots,m) | j \in J+\rangle\} = \{t_{bj} | j = 1,2,\ldots,n\}$,

Onde,

$j+ = \{ j = 1, 2, ..., n|j \}$ associados aos critérios que têm um impacto positivo,

$j- = \{ j = 1, 2, ..., n|j \}$ associados aos critérios que têm um impacto negativo.

Etapa 5 :

Calcular a distância ***Lv*** entre a alternativa-alvo ***i*** e a pior condição (A_w),

$$d_{iw} = \sqrt{\sum_{j=1}^{n} (t_{ij} - t_{wj})^2}, \quad i = 1, 2, 3, \ldots, m, \qquad (4)$$

e a distância entre a alternativa i e a melhor condição (A_b)

$$d_{ib} = \sqrt{\sum_{j=1}^{n} (t_{ij} - t_{bj})^2}, \quad i = 1, 2, 3, \ldots, m. \qquad (5)$$

Em que ***diw*** e ***dib são*** as distâncias da norma ***Lv*** da alternativa-alvo ***i*** às piores e melhores condições, respetivamente.

Passo 6 :

Calcular a semelhança com a pior condição:

$$s_{iw} = d_{iw}/(d_{iw} + d_{ib}), \quad 0 \leq s_{iw} \leq 1, \quad i = 1, 2, 3 \ldots, m. \qquad (6)$$

onde

Siw = 1 se e só se a solução alternativa tiver a melhor condição; e

Siw = 0 se e só se a solução alternativa tiver a pior condição.

Passo 7 :

Classificar a alternativa de acordo com s_{iw} ($i = 1, 2, 3, \ldots, m$).

Princípio de funcionamento do HAJM

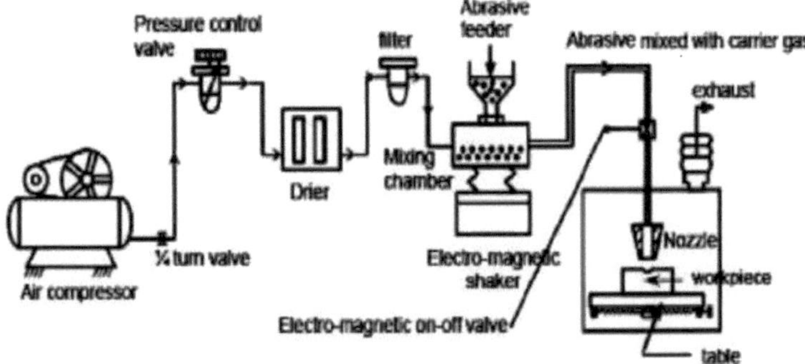

Figura 1.4: Processo de funcionamento do AJM

Neste processo, uma corrente concentrada de partículas abrasivas transportadas por gás ou ar a alta pressão, a uma velocidade de cerca de 150-180 m/s, incide na superfície de trabalho através de um bocal e o material de trabalho é removido por erosão pelas partículas abrasivas a alta velocidade. As partículas abrasivas devem ter uma forma regular e ser constituídas por arestas vivas. As partículas abrasivas são dirigidas para a superfície de trabalho através de um bocal de alta velocidade. As partículas abrasivas utilizadas são de carboneto de silício (Sic) com granulometria de 60 microns, 80 microns e 100 microns. O material do bocal era carboneto de tungsténio e os diâmetros do bocal eram de 5 mm, 7 mm e 9 mm. Neste processo, as partículas abrasivas que impingem a alta velocidade corroem o metal ou a peça de trabalho. O pequeno diâmetro do bocal ajuda o abrasivo a ser focado e, assim, a cortar uma secção muito pequena. O ar ou gás fornecido com o jato abrasivo actua como transportador e também como agente de remoção de calor. Assim, não há tensão térmica no trabalho e também não há contacto entre a ferramenta e o trabalho. O processo pode ser facilmente controlado através da variação de parâmetros como a velocidade, a pressão, o caudal, a distância, as partículas, etc. Caudal, distância, tamanho das partículas, etc. O gás filtrado, fornecido sob pressão para a câmara de mistura que contém as partículas abrasivas e que vibra a 50 c/s, arrasta as partículas abrasivas e é concedido para uma mangueira de ligação. Esta mistura de abrasivo e gás sai de um bocal ligeiro a alta velocidade. A taxa de alimentação das partículas abrasivas é controlada pela amplitude do tremor da câmara de mistura. Um regulador de pressão controla o caudal e a pressão do gás. O bocal é montado num dispositivo de fixação. O princípio de funcionamento é mostrado na figura 1.4.

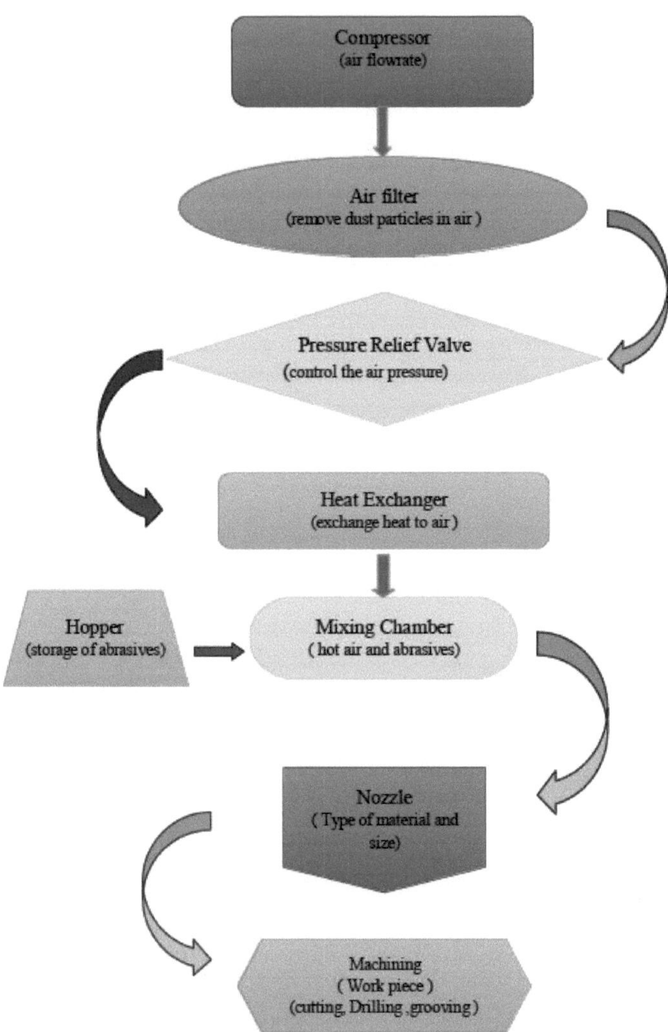

Fluxograma 1.1: Processo de maquinagem da HAJM

Tipos de materiais abrasivos :

São utilizados diferentes tipos de abrasivos na maquinagem por jato abrasivo, como granada, óxido de alumínio, areia de sílica, carboneto de silício, etc. É possível cortar eficazmente vários materiais utilizando o método de maquinagem por jato abrasivo, ou seja, materiais mais resistentes como o titânio e o aço. As partículas abrasivas devem ser duras, de elevada tenacidade, de forma irregular e as arestas devem ser afiadas.

Componentes HAJM

1. Compressor de ar

Figura 1.5: Compressor de ar

O compressor de ar é mostrado na figura 1.5, que comprime o ar de baixa pressão para alta pressão, recebendo energia de entrada do motor elétrico. Na HAJM, é necessário um jato de ar de alta pressão (2 - 8 bar) para que as partículas abrasivas possam atingir a peça de trabalho a alta velocidade. Nesta experiência, foi utilizado um compressor de ar alternativo (pressão máxima = 21 kgf/cm2 ou 300 lb/in2) para comprimir o ar. A pressão de saída do compressor é controlada por um mecanismo de válvula que é controlado manualmente. Para o funcionamento do compressor, foi adquirido no exterior um novo painel de controlo trifásico. É apresentado na figura 1.5.

2. Bocal

As partículas abrasivas são dirigidas para a superfície de trabalho a alta velocidade através do bocal. Por conseguinte, o material do bocal está sujeito a um elevado grau de desgaste por abrasão, pelo que é fabricado em materiais duros, como o carboneto de tungsténio ou a safira sintética. O bocal de carboneto de tungsténio é utilizado para c/s circulares na gama de 1 a 5 mm de diâmetro. É apresentado na figura 1.6.

3. Permutador de calor

Figura 1.7: Permutador de calor

Um permutador de calor é uma estrutura utilizada para deslocar o calor entre dois fluidos ou gases. Os permutadores de calor são utilizados tanto em estruturas de arrefecimento como de aquecimento. Os fluidos podem ser isolados por uma divisória sólida para prever a mistura ou podem estar em contacto direto. A figura 1.7 mostra-o.

4. Câmara de mistura

O elemento da câmara de mistura afecta diretamente o impacto da mistura do abrasivo e do jato de ar. As grandes câmaras estimadas podem melhorar o impacto da mistura do abrasivo e do jato de ar, enquanto expandem a obstrução do jato de ar. A figura 1.8 mostra-o.

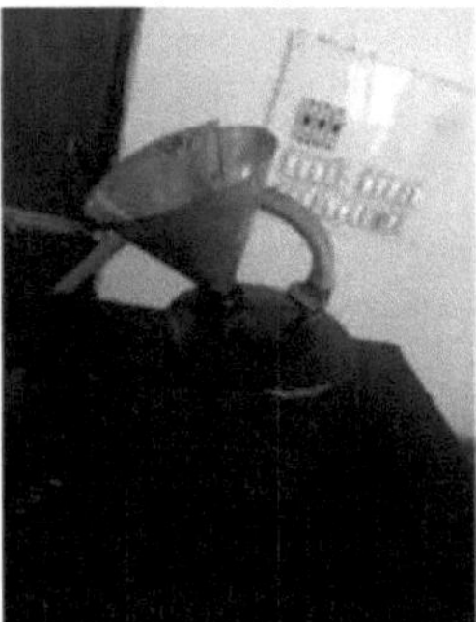

Figura 1.8 : Câmara de mistura

5. Filtro de ar

Um filtro de ar é um dispositivo que remove partículas sólidas transportadas pelo ar que são geralmente nocivas para a saúde humana se inaladas pelos pulmões. As partículas incluem coisas como poeira, pó, pólen, bolor, fibras, germes, etc. Utiliza um processo físico e/ou químico com papel plissado fibroso, espuma, algodão, ionizadores, carvão ativado, absorventes, produtos químicos, catalisadores, etc., e limpa o ar até ao nível respirável concebido e sem odores para o utilizador a que se destina. Os filtros de ar são utilizados em edifícios, transportes, áreas públicas e indústrias onde existe poluição do ar devido às condições ambientais ou à natureza do trabalho ou do processo.

6. Câmara de trabalho

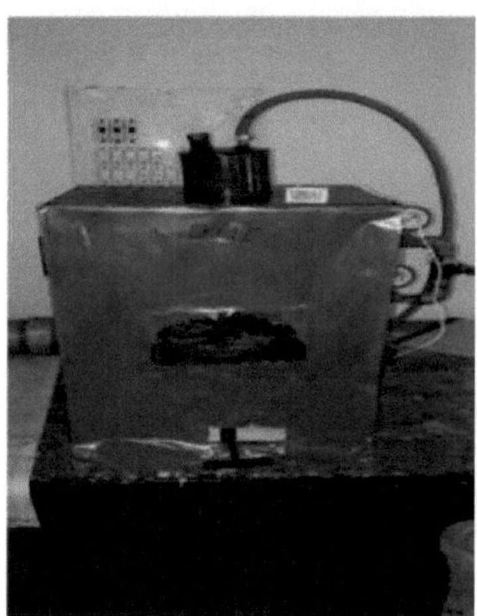

Figura 1.9: Câmara de trabalho

Trata-se de uma câmara de trabalho fechada. É utilizada para evitar a poluição e as perturbações do ambiente. A peça de trabalho é colocada no dispositivo de fixação nesta câmara. A figura 1.9 mostra-o.

7. Unidade FRL

Figura 1.10: filtro regulador e lubrificador

A unidade FRL (figura 1.10) significa filtro regulador e lubrificador. É necessária para filtrar o ar e regular a pressão do ar e a lubrificação do componente. As partículas de pó e as partículas de humidade estão suspensas no ar. É necessário remover as partículas, caso contrário a tubagem pode resultar em coagulação e encravar a abertura do bocal. A pressão é controlada pelo regulador de pressão, que é constituído por um elemento de carga, um elemento de medição e um elemento de restrição. Trata-se de um regulador de pressão de fase única. Ao rodar o parafuso superior da unidade FRL, a pressão é controlada dentro do limite de segurança. Para fixar o limite superior da pressão, é necessário um parafuso de topo.

8. Válvulas de controlo

Figura 1.11: Válvulas de controlo

Uma válvula de controlo é uma válvula utilizada para controlar o caudal de fluido, variando o tamanho da passagem do caudal, de acordo com um sinal de um controlador. Isto permite o controlo direto do caudal e o consequente controlo das grandezas do processo, como a pressão, a temperatura e o nível do líquido. A figura 1.11 mostra-o.

9. Regulador de pressão

Um regulador de pressão é uma válvula de controlo que reduz a pressão de entrada de um fluido ou gases para um valor desejado na sua saída. É apresentado na figura 1.12.

Figura 1.12 : Regulador de pressão

10. Tamanho do grão

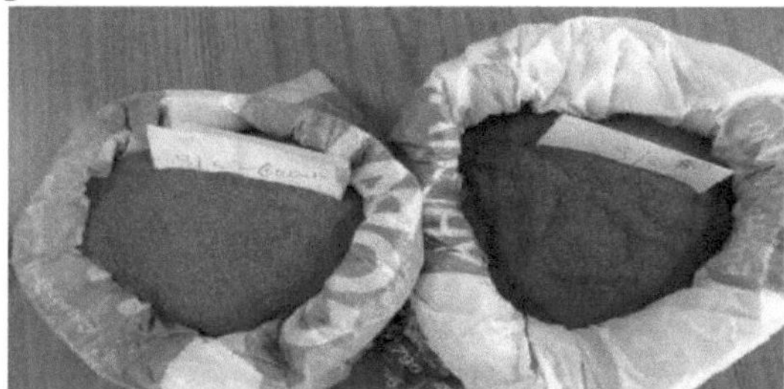

Figura 1.13: Diferentes tipos de tamanho de abrasivo

A taxa de remoção de metal depende do tamanho do grão abrasivo. Os grãos finos têm uma forma menos irregular e, por isso, possuem uma menor capacidade de corte. Além disso, os grãos mais finos têm tendência a colar-se e a bloquear o bocal. A granulometria mais favorável, de 10 a 100 microns, é a dos grãos grossos, recomendada para o corte, enquanto os grãos finos são úteis para o polimento, a remoção de rebarbas, etc. A Figura 1.13 mostra-o.

SELECÇÃO DO MATERIAL DE TRABALHO

Temos de selecionar um material que seja rígido, leve, forte e barato. Temos algumas hipóteses para encontrar informações sobre a resistência final, o módulo de Young, a densidade e o custo de muitos materiais diferentes. A Figura 1.14 mostra-nos isso.

Figura 1.14: Amostras de material PMMA

O poli(metacrilato de metilo) (PMMA), também conhecido como acrílico, vidro acrílico ou plexiglas, bem como pelos nomes comerciais Crylux, Plexiglas, Acrylite, Lucite, Perclax e Perspex, entre vários outros, é um termoplástico transparente frequentemente utilizado em forma de folha como alternativa leve ou resistente a estilhaços ao vidro. O mesmo material pode ser utilizado como resina de fundição, em tintas e revestimentos, e tem muitas outras utilizações. Embora não seja um tipo de vidro familiar à base de sílica, a substância, tal como muitos termoplásticos, é frequentemente classificada tecnicamente como um tipo de vidro (na medida em que é uma substância vítrea não cristalina), daí a sua designação histórica ocasional como vidro acrílico. Quimicamente, é o polímero sintético do metacrilato de metilo. O material foi desenvolvido em 1928 em vários laboratórios diferentes por muitos químicos, como William Chalmers, Otto Rohm e Walter Bauer, e foi introduzido no mercado pela primeira vez em 1933 pela empresa alemã Rohm& Haas AG e pela sua parceira e antiga filial americana Rohm and Haas Company, sob a marca registada Plexiglas. O PMMA é uma alternativa económica ao policarbonato (PC) quando a resistência à tração, a resistência à flexão, a transparência, a capacidade de polimento e a tolerância aos raios UV são mais importantes do que a resistência ao impacto, a resistência química e a resistência ao calor. Além disso, o PMMA não contém as subunidades de bisfenol-A potencialmente nocivas presentes no policarbonato. É frequentemente preferido devido às suas propriedades moderadas, fácil manuseamento e processamento, e baixo custo. O PMMA não modificado comporta-se de forma frágil quando sujeito a carga, especialmente sob uma força de impacto, e é mais propenso a riscar do que o vidro inorgânico convencional, mas o PMMA modificado consegue, por vezes, atingir uma elevada resistência a riscos e impactos.

O PMMA é um material forte, resistente e leve. Tem uma densidade de 1,17-1,20 g/cm3, que é menos de metade da do vidro. Tem também uma boa resistência ao impacto, superior à do vidro e à do poliestireno; no entanto, a resistência ao impacto do PMMA é ainda significativamente inferior à do policarbonato e de alguns polímeros artificiais. O PMMA inflama-se a 460 °C (860 °F) e queima, formando dióxido de carbono, água, monóxido de carbono e compostos de baixo peso molecular, incluindo formaldeído.

O PMMA transmite até 92% da luz visível (3 mm de espessura) e produz uma reflexão de cerca de 4% de cada uma das suas superfícies devido ao seu índice de refração (1,4905 a 589,3 nm). Filtra a luz ultravioleta (UV) em comprimentos de onda inferiores a cerca de 300 nm (semelhante ao vidro de janela comum). Alguns fabricantes adicionam revestimentos ou aditivos ao PMMA para melhorar a absorção na gama de 300-400 nm. O PMMA passa a luz infravermelha até 2.800 nm e bloqueia a IV de comprimentos de onda mais longos, até 25.000 nm. As variedades coloridas de PMMA permitem a passagem de comprimentos de onda IR específicos enquanto bloqueiam a luz visível (exemplo para aplicações de controlo remoto ou de sensores de calor.

O PMMA incha e dissolve-se em muitos solventes orgânicos; tem também uma fraca resistência a muitos outros produtos químicos devido aos seus grupos éster facilmente hidrolisáveis. No entanto, a sua estabilidade ambiental é superior à da maioria dos outros plásticos, como o poliestireno e o polietileno, pelo que o PMMA é frequentemente o material de eleição para aplicações no exterior.

O PMMA tem um rácio máximo de absorção de água de 0,3-0,4% em peso. A resistência à tração diminui com o aumento da absorção de água. O seu coeficiente de expansão térmica é relativamente elevado, (5-10)x10-5 °C-1.

Propriedades típicas do PMMA

Tabela 1.2 : Principais propriedades do material PMMA

PROPRIEDADES	VALOR
Fórmula química	$(C_5O_2H_8)_n$
Densidade	1,18 g/cm3
Temp. de fusão de fusão (°C)	160 °C (320 °F; 433 K)
Suscetibilidade magnética (%)	-9,06x10-6 (SI, 22°C)

Índice de refração (nD)	1,4905 a 589,3 nm
Resistência à tração (MPa)	70
Módulo de flexão (GPa)	2.9

Vantagens do PMMA

- Excelente claridade ótica
- Excelente resistência às intempéries e à luz solar
- Rígido, com boa resistência ao impacto
- Excelente estabilidade dimensional e baixa retração do molde
- A enformação por estiramento aumenta a tenacidade bi-axial

Desvantagens do PMMA

- Fraca resistência a solventes atacados especialmente por cetonas, ésteres, clorocarbonetos e hidrocarbonetos aromáticos, freons
- Sujeito a fissuração por tensão
- Combustível
- Temperatura de funcionamento contínuo limitada a cerca de 200 graus F
- Não estão disponíveis graus flexíveis

CAPÍTULO - 2

PESQUISA BIBLIOGRÁFICA

INTRODUÇÃO

A taxa de expulsão de material e a desagradabilidade da superfície têm sido factores extremamente básicos na previsão da exposição de um processo de maquinação com abrasivos. A importância da aspereza da superfície é principalmente confirmada pela suavidade de uma superfície na peça de trabalho. O título de MRR representa o agregado da taxa de evacuação de material obtido na condição de maquinação. O HAJM é geralmente útil na aviação, automóveis, limpeza de material, criação de logótipos de organizações, placas electrónicas, corte de metal, peças de aviação, aplicações, onde a qualidade é um trabalho significativo. A quantidade de trabalho de investigação foi concluída por este procedimento, uma parte dos cientistas tentou avançar os parâmetros de maquinação na HAJM, a forma de possuir a válvula de desagradabilidade da superfície e, consequentemente, escrever auditorias para saber como os parâmetros do procedimento são melhorados.

PESQUISA BIBLIOGRÁFICA

1) ***S.Rajendra Prasad, K.Ravindranath e M.L.S. Devakumar (2018)*** Consideraram o processo de maquinação por jato abrasivo da liga de Níquel 233, que envolve a comparação com a otimização multiobjectivo na Avaliação da Soma Agregada Ponderada de Produtos (WASPAS) e a análise de rácios (MOORA) para analisar as diferentes respostas, ou seja, a taxa de remoção de material (MRR), a rugosidade da superfície (Ra) e o ângulo de conicidade (Ta).

2) ***S.Rajendra Prasad, K.Ravindranath e M.L.S. Devakumar (2016)*** Esta investigação concluiu que os parâmetros do AJM, como a pressão, o tamanho e a forma do bocal e o caudal mássico do abrasivo, podem afetar as respostas de saída.

3) ***P.Pavan Kumar, Y.Rameswara Reddy, S.Rajendra Prasad (2018)*** Este artigo foi considerado o processo Ajm da liga NimonicAlloy75, poderia ser considerado os parâmetros in put de Ajm como pressão, suporte de distância e diâmetro do bico, concluiu-se que a taxa de remoção de material de usinagem em determinada barra de pressão e rugosidade superficial com a ajuda do método GRA.

4) ***N. Jagannatha, S.S. Hiremath e K. Sadashivappa,*** Neste trabalho, tentou-se utilizar o ar quente como meio de transporte no AJM. A análise de design robusto de Taguchi modificado é utilizada para determinar a combinação óptima dos parâmetros do processo. A análise das diferenças (ANOVA) é também utilizada para identificar o fator mais importante.

5) ***N. Jagannatha, s. Hiremath somashekhar, k. Sadashivappa, e k. V. Arun,*** este artigo é uma tentativa de misturar partículas abrasivas e ar quente para criar um fluxo de jato de ar quente abrasivo na peça de trabalho. O jato de ar quente pode ser útil para realizar operações como perfuração, corte, ranhura e microacabamento nas folhas de vidro. A conclusão final do estudo é que a rugosidade da superfície maquinada é reduzida com o aumento da temperatura do meio de transporte.

6) ***Conheça R. Vadgama, Kaustubh S. Gaikwad, Harshil K. Upadhyay e Siddharajsinh G. Gohil.*** Este artigo foi justificado que a taxa de remoção de material é aumentada com o aumento da pressão do gás transportador e a diminuição da espessura do vidro e do suporte de distância.

7) ***D V Srikanth, Dr. M. Sreenivasa Rao*** Este ensaio apresenta uma análise exaustiva do estado atual da investigação e do desenvolvimento do processo de maquinagem por jato

abrasivo. São também projectadas outras objecções e o âmbito do desenvolvimento futuro da maquinagem por jato abrasivo. Este documento de análise ajudará amplamente os investigadores, fabricantes e decisores políticos.

8) ***Sudesh Garg Ravi Kumar Goyal*** O principal objetivo do presente trabalho é otimizar as condições de maquinagem (velocidade de corte, avanço, ranhura, profundidade do furo) para obter a rugosidade superficial mínima necessária na perfuração do AISI H11, utilizando o desenho de faces canterizadas. As experiências foram conduzidas com base no desenho de experiências (DOE) e seguidas pela otimização dos resultados usando a Análise de Diferença (ANOVA) para descobrir a rugosidade mínima da superfície. Impressão 12.

9) ***K. Anand Babu, P. Venkataramaiah e P.*** **Dileep** O presente documento focaliza O ponto é a otimização do WEDM na maquinação do compósito de matriz metálica de alumínio (Al6061/2%SiC/3^m) com a ajuda do método AHP-DENG'S. Neste trabalho. Normalmente, os melhores parâmetros de maquinação são obtidos através da resolução dos parâmetros do processo de maquinação com a técnica de otimização.

10) ***Madhu.S*** Este trabalho provou que a eficiência do bico no processo AJM depende totalmente do desgaste do bico e que o desgaste do bico depende de mais parâmetros do processo e parâmetros geométricos.

11) ***Eshwar Pawar*** O presente documento diz o que é o material acrílico e as várias utilizações do acrílico, a aplicação do acrílico na tecnologia futura, etc. Também são abordadas as áreas possíveis em que o acrílico pode ser uma escolha útil. Dado que estamos a viver no domínio da tecnologia e da modernização, o autor do presente documento de investigação procurou centrar-se nas vantagens dos materiais alternativos nos vários domínios da tecnologia para a prosperidade e o crescimento.

12) ***Bhaskar Chandra, Jagtar Singh*** Esta revista pretende obter diferentes resultados de experiências que foram conduzidas alterando a pressão e a distância da ponta do bocal em diferentes espessuras de folhas de vidro. Os resultados dos parâmetros do processo na taxa de remoção de material (MRR), no diâmetro da superfície superior e no diâmetro da superfície inferior do orifício foram medidos e traçados.

13) ***Mark Velasquez e Patrick T. Hester*** Este artigo faz um levantamento escrito das técnicas normais de tomada de decisão multicritério, inspecciona os pontos de interesse e os detrimentos das estratégias distinguidas e esclarece como as suas aplicações normais se identificam com as suas qualidades e deficiências relativas. O exame das estratégias MCDM efectuado neste documento fornece um manual razoável sobre como as técnicas MCDM devem ser utilizadas em circunstâncias específicas.

14) ***Zlatko Pavic, VedranNovoselac*** O artigo apresenta a utilização da técnica TOPSIS utilizando dois modelos escolhidos. No modelo principal, é demonstrado que o melhor arranjo TOPSIS não é nem o mais próximo do arranjo perfeito positivo nem o mais distante do arranjo perfeito negativo.

A pesquisa bibliográfica acima referida revelou que os trabalhos de investigação existentes sobre o AJM não se centraram nos meios de transporte. Foi feita uma tentativa de utilizar ar quente como gás de transporte no AJM. Neste contexto, foi desenvolvida uma máquina de jato abrasivo de ar quente. Esta pode ser aplicada em várias operações, tais como perfuração, gravação de superfícies, gravação e microacabamento no vidro e nos seus compósitos. O modelo de otimização de características múltiplas baseado no conceito do método de Taguchi foi utilizado para determinar a combinação óptima dos parâmetros de maquinagem para atingir simultaneamente a rugosidade superficial mínima e o MRR máximo. O teste de confirmação é também efectuado para verificar os resultados. O efeito da temperatura do ar (ar quente) na MRR e na rugosidade da superfície também é discutido.

CAPÍTULO - 3

TRABALHO EXPERIMENTAL

CONFIGURAÇÃO DA EXPERIÊNCIA

O diagrama esquemático da instalação experimental é apresentado na Figura 3.1. A máquina de jato abrasivo de ar quente é constituída por uma câmara de abrasão portátil, uma câmara de aquecimento com controlador, uma cabeça de mistura, um bocal, um controlador de peso, um vibrador, uma verificação pneumática da tensão e um bico. Uma parte do ar flui através da câmara abrasiva e a alimentação das partículas abrasivas ocorre devido à diferença de pressão na câmara abrasiva e no fluxo principal. As partículas abrasivas são misturadas com ar quente e depois entram na cabeça de mistura, onde o ar quente é misturado com abrasivos e depois passa através do bocal, como mostra a Figura 2. O jato abrasivo de ar quente está disponível na ponta do bocal e atinge o alvo. O fluxo de abrasivo é controlado por uma válvula por baixo da câmara. Os bicos são geralmente feitos de material de carboneto de tungsténio de dureza 50-60 HRC. Como o material de carboneto de tungsténio é de elevado custo, neste trabalho de investigação. A temperatura do ar à saída do bocal é medida por meio de sensores (termopares). A extensão do indesejável é limitada pela abundância, incluindo a vibração. O gás transportador conduz então o material indesejável para a câmara de mistura, onde a moagem é suspensa pelo gás transportador. A mistura gás-moagem desloca-se então para o bico, onde se expande rapidamente. Por fim, o bico conduz o plano de moagem para a peça de trabalho devido ao movimento de deterioração do fluxo desagradável.

Figura 3.1 : Diagrama esquemático da máquina de jato abrasivo de ar quente

Figura 3.2 : O ar quente é misturado com abrasivos e depois passa através do bocal

MATERIAIS

No presente trabalho, foi utilizado o polimetacrilato de metilo (PMMA) como material de trabalho. O tamanho adequado do espécime foi utilizado para os processos de perfuração. Os espécimes foram lavados e pesados antes da maquinação. As máscaras foram coladas na superfície do espécime para proteger a parte não maquinada do material de trabalho. As amostras foram limpas com ar pressurizado e o peso final foi medido utilizando uma balança eletrónica digital GOLD SCALES (0,01 g - 3kg) com sonhos de 0,01mg. Foram efectuadas quatro medições para cada amostra e o valor médio foi a leitura final. A perda de peso por unidade de tempo para cada amostra é calculada e considerada como taxa de remoção de material. O desconto de peso por unidade de tempo para cada exemplo é decidido e considerado como taxa de evacuação de tecido. Do mesmo modo, a rugosidade da peça maquinada foi medida utilizando uma máquina de controlo da rugosidade superficial Taylor Hobson Talysurf 10. O valor médio de rugosidade Ra da peça maquinada foi registado em quatro locais diferentes e o valor médio foi considerado como rugosidade da superfície.

Figura 3.3 : Peças de trabalho de material PMMA antes da maquinagem

Tabela 3.1 : Nomenclatura das unidades de maquinagem e respectivas especificações para PMMA

NOMENCLATURA	ESPECIFICAÇÃO
Material de amostra	PMMA
Espessura do material	3 mm
Material do bocal	Carboneto de tungsténio
Tamanho da peça de trabalho	30x30 mm
Diâmetro do bocal	3 mm
Tipo de abrasivo	Carboneto de silício
Tamanho do abrasivo em (^)microns	60,80,100
Pressão em bar	5,6,7
SOD em mm	5,7,9
Temperatura do ar em c^{o}	40,50,60
N.º de experiências	L9
Fórmula química	(C5O2H8K

PARÂMETROS IMPORTANTES DO HAJM

No processo AJM, existem alguns parâmetros de entrada que controlam as condições de maquinagem, conhecidos como parâmetros de processo, e alguns parâmetros de saída que demonstram a qualidade do produto, conhecidos como parâmetros de rendimento. Todos estes parâmetros de entrada e de rendimento são muito importantes para obter as condições de maquinagem e a qualidade do produto.

Alguns dos parâmetros significativos do processo de entrada são :

(i) Pressão do ar (MPA) : O fornecimento elevado aumenta a energia cinética das partículas abrasivas e aumenta a sua capacidade de remoção de material. As pressões mais elevadas também aumentam o tamanho da região de desgaste de corte da remoção de material devido ao aumento da energia cinética fornecida pela pressão elevada.

(ii) Tamanho da malha abrasiva (ɥ) : A granada de trabalho 60ɥ, 80ɥ e 100ɥ é utilizada para fatiar por causa de sua menor despesa. O trabalho expandido (ou seja, pequenas partículas), portanto, expande a taxa de desgaste do tubo de mistura de bicos e, além disso, solicita um baixo envolvimento da superfície. Portanto, a maior estimativa de Garnet feita é de trabalho (60ɥ, 80ɥ e 100ɥ), o trabalho diminuído (ou seja, partículas maiores) resulta em maior rugosidade da superfície.

(iii) Distância de pé (mm) : Na maquinagem por jato abrasivo a quente (HAJM), um bocal dirige um jato de abrasivos a alta velocidade para a superfície de trabalho, a fim de remover gradualmente o material por erosão por impacto. Conforme esquematizado abaixo, a distância (5 mm, 7 mm e 9 mm) entre a ponta do bico e a superfície de trabalho é designada por Distância de Stand-Off (SOD) ou Distância da Ponta do Bico (NTD).

(iv) Temperatura do gás de transporte (^{0} c) : O gás de transporte seco e isento de poeiras é comprimido a alta pressão (15 - 20 bar) utilizando um compressor de ar. O gás de transporte é aquecido com um permutador de calor até 60° c. Os abrasivos são então misturados com este gás quente comprimido numa câmara de mistura (mantida a pressão constante) de acordo com a proporção da mistura.

3.3.2 Parâmetros de execução (saída) :

(i) Rugosidade da superfície (SR) : A rugosidade da superfície, frequentemente abreviada para rugosidade, é uma componente da textura da superfície. É avaliada pelos desvios na direção do vetor normal de uma superfície genuína em relação ao seu melhor contorno possível. No caso de estes desvios serem grandes, a superfície é áspera; no caso de serem pequenos, a superfície é plana.

(ii) Taxa de remoção de material (MRR) : Alguns dos parâmetros essenciais de execução são apresentados de seguida. Taxa de remoção de material (MRR) - A MRR é caracterizada como o volume de material removido por unidade de tempo. A MRR é comunicada pela equação apresentada abaixo.

$$MRR = \frac{Before\ machining\ weight\ material - After\ machinihg\ weight\ of\ material}{Time\ of\ machining}\ g/sec,$$

(or)

$$MRR = \frac{Before\ machining\ weight\ material - After\ machinihg\ weight\ of\ material}{Time\ of\ machining} X\ 1000\ mm3/mint.$$

Máquina de controlo da rugosidade da superfície Taylor Hobson Talysurf

Testador de rugosidade da superfície após qualquer processo de usinagem, a peça usinada obtém algum tipo ou textura áspera. Este é um dos parâmetros a serem medidos para garantir a qualidade do produto. Esta rugosidade pode ser sentida ao tocar na superfície. Uma superfície rugosa é indesejável; tudo o que precisamos é que a superfície obtida seja lisa. Isto é conseguido através da manutenção de dados óptimos dos parâmetros. As irregularidades mínimas do objeto maquinado podem ser calculadas utilizando um instrumento conhecido como Talysurf. Neste caso, utilizámos o Talysurf MitutyoSJ-310, que é um instrumento do tipo chão de fábrica. Pode traçar a superfície de várias peças maquinadas, calcular as suas válvulas de rugosidade Ra, Rq e Rz de acordo com as normas de rugosidade e, finalmente, apresentar o resultado.

Ra : Ra é o parâmetro internacional de rugosidade universalmente reconhecido e mais utilizado. É a média aritmética dos desvios do perfil em relação à linha média.

Rq : Raiz quadrada média (rms) das ordenadas.

Rz : Soma do maior pico e do maior vale do perfil dentro do comprimento de amostragem.

Especificações do medidor de rugosidade

Tabela 3.2 : Especificação do aparelho de medição da rugosidade

Fabricante	MITUTOYO
Modelo	SJ-310
Método de deteção	Método de indutância diferente
Gama de medição	300 horas
Material da caneta	Diamante
Raio da ponta	5 horas
Força de medição	400 Mn
Raio de curvatura da derrapagem	60 mm
Gama de acionamento	21 mm
Parâmetros de rugosidade	Ra, Rq e Rz
Velocidade de medição	1 mm/seg.

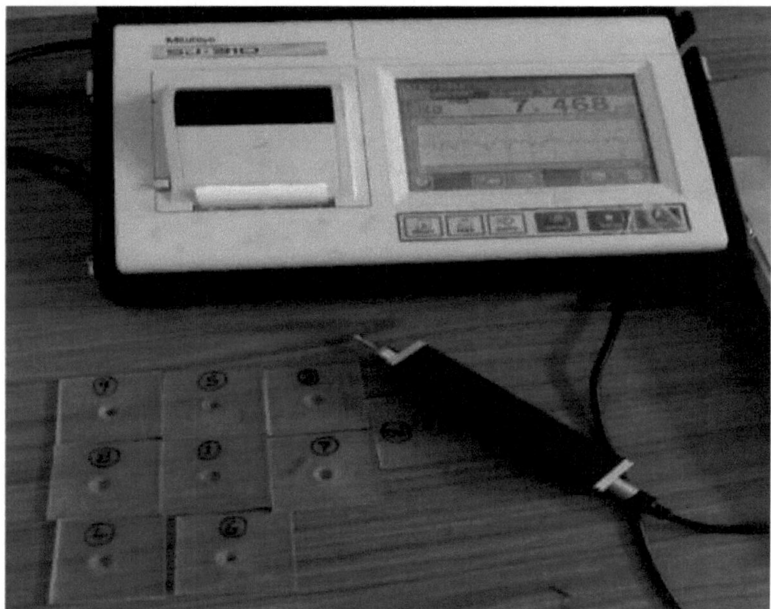

Figura 3.4: Medidor de rugosidade da superfície Mitutyosj-310 Talysurf

MÉTODOS DE MEDIÇÃO DA TEXTURA DA SUPERFÍCIE

A textura da superfície é geralmente medida pelo seguinte método:

DATALOGAÇÃO

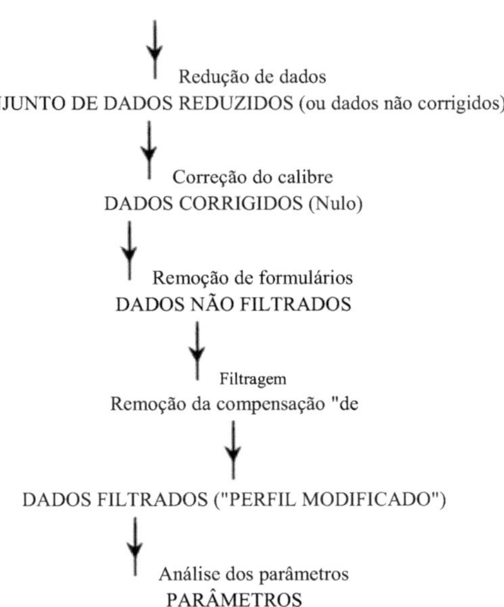

Figura 3.5: Fluxograma da medição da textura da superfície Métodos de medição **A textura da superfície é geralmente medida pelo seguinte método**

Registo de dados

Os dados são recolhidos a intervalos regulares ao longo da superfície, com um espaçamento de 0,5gm. Geralmente, esta grande quantidade de dados pode ser reduzida a um conjunto mais pequeno para tornar os dados mais fáceis de gerir e para acelerar o processamento subsequente. Isto é efectuado utilizando um método de média ponderada. O rácio de redução é escolhido de modo a que se mantenha uma densidade de dados suficiente para permitir que os filtros atinjam características de transmissão razoáveis, mesmo para filtragem de comprimentos de onda curtos. O processo de redução de dados também desempenha a função de antialiasing.

Correção de dados

Os dados reduzidos serão não escalonados e conterão distorção devido aos erros sistemáticos no medidor. Por conseguinte, é aplicado um escalonamento e uma correção, com base nos factores de correção do gabarito, que resultam em DADOS CORRIGIDOS.

Processo de remoção de formulários

A remoção da forma é a eliminação da forma nominal do componente da avaliação da textura. Isto inclui a remoção da inclinação ou curvatura. A Remoção da Forma pode ser aplicada para aceder à forma ou para remover a forma das análises de superfície subsequentes.

A Remoção de Formulários, em geral, ajusta uma forma de referência (linha de referência) aos dados corrigidos. Um subproduto deste processo são as características da figura de referência no que respeita à inclinação ou ao raio. A remoção da forma dos DADOS CORRIGIDOS resulta nos DADOS NÃO FILTRADOS.

Filtragem

Embora os dados nesta fase tenham sido reduzidos, são normalmente referidos como NÃO FILTRADOS. No entanto, se necessário, nesta fase, é efectuada uma filtragem. Existem muitos métodos de filtragem, mas todos têm por objetivo remover dos dados os comprimentos de onda que não têm interesse. Isto pode ser devido à função pretendida da superfície ou para eliminar dados inválidos causados por ruídos estranhos, etc. Alguns filtros resultam na eliminação de parte dos dados. O conjunto de dados resultante após esta fase, quer a filtragem tenha sido aplicada ou não, é conhecido como PERFIL MODIFICADO. Deve-se ter cuidado ao aplicar filtros aos dados se a REMOÇÃO DE FORMA tiver sido efectuada para efeitos de medição da forma. Os filtros, por definição, distorcem este perfil e, por conseguinte, é melhor evitá-los, exceto se se limitarem a filtrar comprimentos de onda muito mais curtos do que os característicos da forma dos componentes.

Cálculo de parâmetros

Os parâmetros matemáticos podem ser calculados a partir do PERFIL MODIFICADO. Existem muitos parâmetros relacionados com as características da geometria da superfície.

Parâmetros de rugosidade da superfície

(i) Ra - valor médio aritmético da rugosidade: A média aritmética dos valores absolutos dos desvios do perfil (z_i) em relação à linha média do perfil de rugosidade (Figura 3.6).

(ii) Rmr(c) - componente material do perfil: fração de uma linha que, ao seccionar um perfil, atravessa o material a uma altura estipulada c acima da linha média (em pm). Indicada em percentagem.

(iii)RSm - largura média do pico: valor médio da largura dos elementos do perfil x_{si} (anteriormente S m); os limiares de contagem horizontal e vertical são estipulados para esta avaliação (Figura 3.8).

(iv) Rt - altura total do perfil de rugosidade: diferença entre a altura Zp do pico mais alto e a profundidade z_v do vale mais profundo dentro do comprimento de avaliação ln (Figura 3.7).

(v) R_{zi} - maior altura do perfil de rugosidade: Soma da altura do pico mais alto do perfil e da profundidade do vale mais profundo do perfil, relativamente à linha média, num comprimento de amostragem l_{ri}.

(vi) Rz1 max - profundidade máxima de rugosidade : O maior dos cinco valores Rzi dos cinco comprimentos de amostragem lri dentro do comprimento de avaliação ln.

(vii)Rz - profundidade média da rugosidade: Valor médio dos cinco valores Rzi dos cinco comprimentos de amostragem l_{ri}.

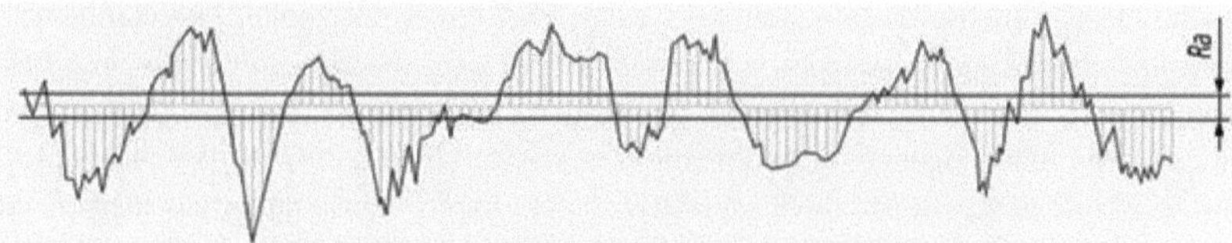

Figura 3.6: Valor médio aritmético da rugosidade Ra

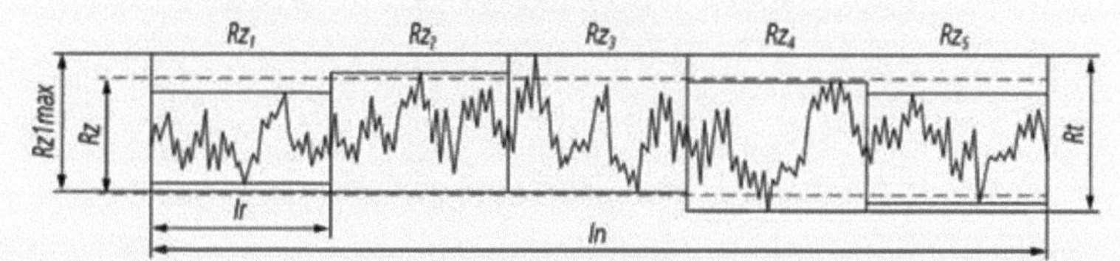

Figura 3.7 : Altura total do perfil de rugosidade Rt, profundidade média de rugosidade Rz e profundidade máxima de rugosidade Rz1max

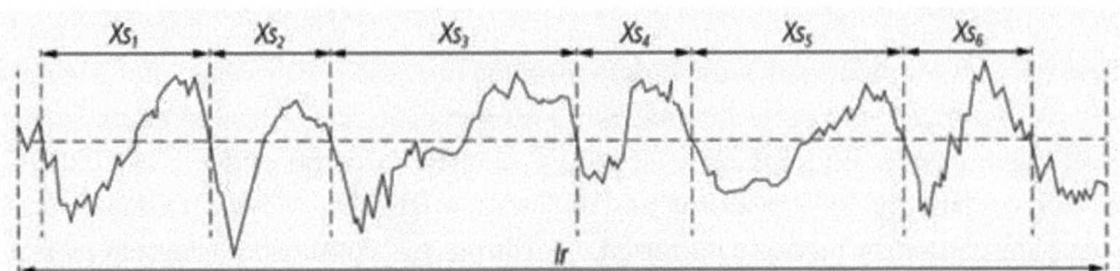

Figura 3.8: O espaçamento médio entre ranhuras RSm é o valor médio do espaçamento x_{si} do elemento de perfil

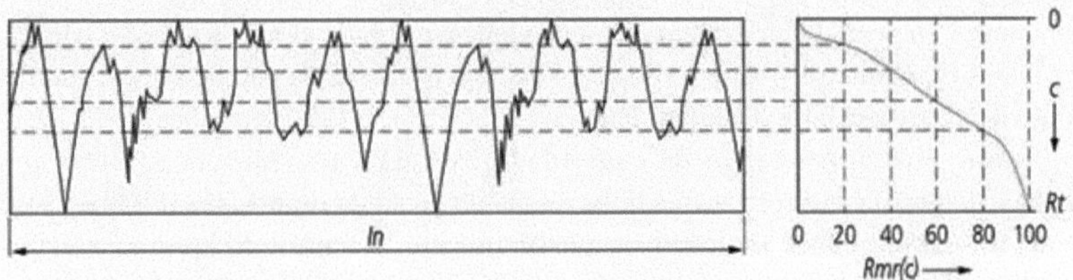

Figura 3.9: A curva da componente material do perfil representa a componente material Rmr (c) do perfil em função da altura da secção c (curva de Abbott-Firestone)

Rmr (c) do perfil em função da altura da secção c (curva de Abbott-Firestone)

> **Profundidade máxima de rugosidade Rzlmax** para superfícies em que os desvios individuais têm uma influência significativa na função da superfície, por exemplo, superfícies de vedação.

> **Componente material do perfil Rmr(c)** para superfícies de guia e superfícies de vedação que se movem uma contra a outra.

> **Profundidade de rugosidade média Rz** como regra para todas as outras superfícies.

Máquina de pesagem

O instrumento de pesagem deve ser ligado pelo menos 30 minutos antes da calibração. A temperatura dos pesos deve ser estabilizada à mesma temperatura em que a calibração vai ser efectuada. O instrumento de pesagem deve estar a um nível horizontal, especialmente para instrumentos de pesagem pequenos e precisos. O peso foi medido utilizando uma balança eletrónica digital GOLD SCALES (0,01 g - 3kg) com sonhos de 0,01mg. Quando o valor medido se torna mais pequeno, normalmente o erro relativo da leitura torna-se mais elevado. O instrumento de pesagem não deve ser utilizado para medir quaisquer cargas mais pequenas do que a carga mínima.

Figura 3.10: Máquina de pesagem

CONCEPÇÃO DA EXPERIÊNCIA

A conceção da experiência (DOE) é uma forma lógica de lidar com a concentração do impacto de numerosos factores ao mesmo tempo que a DOE tem pontos de interesse de um menor número de análises necessárias para a exatidão essencialmente estimativa, natureza de mudança de um item ou processo. O HAJM é um procedimento em que vários factores de controlo decidem, em geral, as reacções de rendimento. Posteriormente, no presente trabalho, utiliza-se um. O sistema TAGUCHI é utilizado para melhorar os parâmetros do procedimento, provocando a mudança nos atributos de qualidade da peça sob investigação. O avanço mais imperativo no DOE reside na escolha dos factores de controlo e dos seus níveis. O processo HAJM tem um número substancial de parâmetros de processo, no entanto, à luz de vários estudos escritos, distinguem-se quatro parâmetros de maquinação, nomeadamente a pressão (P), a distância (SOD), o tamanho do abrasivo e a temperatura do gás de revestimento, e para descobrir as respostas de saída, a taxa de remoção de material e a rugosidade da superfície são definidas em três níveis, que são apresentados na Tabela 3.3.

S. Não	Factores	Unidades de factores	Níveis		
			Nível 1	Nível 2	Nível 3
1	Pressão do ar	Bar	5	6	7
2	SOD	mm	9	7	5
3	Tamanho do abrasivo	Microns	60	80	100
4	T emperatura do ar	Grau Celsius	30	50	40

Tabela 3.3 : Parâmetros do processo

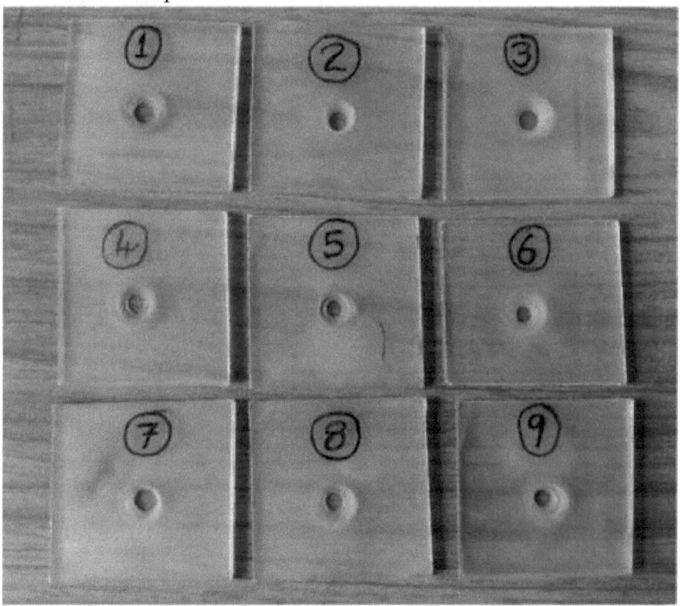

Figura 3.11: Peças de trabalho após maquinagem

Para mais experiências, foi escolhido o agrupamento simétrico L9, que aparece na Tabela 3.3. Com cada um dos três parâmetros de controlo a vários níveis, foram realizados até 9 testes.

ANÁLISE TAGUCHI

Foi descoberta pelo Dr. Genichi Taguchi do Japão. A configuração de Taguchi é uma técnica mensurável. Trata-se de um plano de parâmetros extremos, para o planeamento de preliminares para avaliar o modo como parâmetros díspares afectam a média e a diferença das qualidades de introdução de um método. Trata-se, basicamente, de uma fusão para reduzir a qualificação e a afetividade à comoção. Oferece uma técnica viável para o planeamento de itens e estratégias que funcionam de forma eficaz, consistente e ideal numa variedade de circunstâncias. Estas metodologias incluem duas, três, quatro, cinco e estruturas factoriais parciais de nível misto. Para escolher quais os pontos de vista que mais se destacam na magnificência do artigo, permite apenas a recolha da informação de base, o que legitima o tempo e os meios. Taguchi fornece um plano de exposição simétrico que diminui os trajectos de experimentação. As informações de investigação são dissecadas na técnica de Taguchi e para revelar a melhor reação sob o estado ideal. É utilizado para especular o interesse de um único fator, além da sua cooperação na reação de movimento. Faz e examina o gráfico de impacto principal e o gráfico de cooperação para sinalizar a proporção de clamor, desvios padrão e médias. Além disso, produz o gráfico de sobra no histograma, gráfico comum e persistente versus solicitação, restante versus ajustes.

Os elementos de gestão considerados para este estudo são a pressão, o SOD, o tamanho dos três abrasivos e a temperatura do ar. Todos os elementos são considerados como três gamas cada. De acordo com o formato L9 da matriz ortogonal de Taguchi, foi utilizada a matriz ortogonal combinada para efetuar a experiência HAJM. A Tabela 3.4 apresenta os factores influentes e as suas gamas, e determina 10 elementos da peça de trabalho HAJM após a maquinação por jato abrasivo de ar quente.

Tabela 3.4: Parâmetros de entrada do HAJM

S. Não	Factores	Unidades de factores	Níveis		
			Nível 1	Nível 2	Nível 3
1	Pressão do ar	Bar	5	6	7
2	SOD	mm	9	7	5
3	Tamanho do abrasivo	Microns	60	80	100
4	T emperatura do ar	Grau Celsius	30	50	40

Investigação da informação da máquina de jato abrasivo de ar quente: Agora temos de decompor a informação do teste através do método de melhoramento examinado acima e obter a definição ideal dos parâmetros. Utilizando a estratégia Taguchi incorporada no MCDM-TOPSIS, obtém-se a definição ideal dos parâmetros para a HAJM. Os quatro parâmetros de controlo Pressão (bars), Distância (SOD), Tamanho do abrasivo (microns) e Temperatura do ar em (^{o} c) são alterados nos três níveis únicos. A partir daí, foi escolhida a exposição simétrica L9 de Taguchi para a experimentação posterior, que é apresentada na tabela 3.5.

Tabela 3.5: Dados experimentais da taxa de remoção de material e rugosidade da superfície.

N.º de exp.	Pressão P^{0}	SOD (mm)	Tamanho do abdómen (.")	Temperatura do ar (^{o} c)	MRR $g^{(/s}$)	SR (Mm)
1	5	9	60	40	7.82	2.872
2	5	7	80	50	7.45	3.236

3	5	5	100	60	3.91	6.433
4	6	9	80	60	3.83	4.199
5	6	7	100	40	5.16	3.595
6	6	5	60	50	4.28	2.043
7	7	9	100	50	6.45	3.943
8	7	7	60	60	5.24	3.906
9	7	5	80	40	5.57	2.246

CAPÍTULO - 4

METODOLOGIA E ANÁLISE DE DADOS

INTRODUÇÃO

A determinação do ajuste das condições de montagem é um destaque entre as perspectivas mais críticas em qualquer procedimento de montagem e especialmente em procedimentos identificados com a maquinação por jato abrasivo de ar quente (HAJM). Portanto, o aumento de vários parâmetros de processo e execução é essencial. O termo amplificação é escolhido a partir de uma palavra latina "optime", que implica o melhor. A expansão consiste em encontrar os melhores resultados, que podem ser extremos ou mínimos, dependendo das circunstâncias de montagem. Na maquinação de PMMA por HAJM o objetivo principal é melhorar os parâmetros de execução MRR e SR. Taguchi é um sistema de amplificação de reação solitária que implica que esta estratégia aprimora um parâmetro em qualquer momento, portanto, esta técnica não pode ser material sob os ativos dados. Tendo em mente o objetivo final de melhorar a reação múltipla, o procedimento tem sido por métodos para MCDM -TOPSIS, então iremos para o sistema de expansão Taguchi.

Técnica de ordenação das preferências por semelhança com a solução ideal (TOPSIS)

A técnica da ordem de preferência por semelhança com a solução ideal (TOPSIS) é um método de análise de decisão multicritério, originalmente desenvolvido por Ching-Lai Hwang e Yoon em 1981, com desenvolvimentos posteriores por Yoon em 1987 e Hwang, Lai e Liu em 1993. O TOPSIS baseia-se no conceito de que a alternativa escolhida deve ter a menor distância geométrica em relação à Solução Ideal Positiva (PIS) e a maior distância geométrica em relação à Solução Ideal Negativa (NIS). É um método de agregação compensatória que compara um conjunto de alternativas identificando pesos para cada critério, normalizando as pontuações para cada critério e calculando a distância geométrica entre cada alternativa e a alternativa ideal, que é a melhor pontuação em cada critério. Um pressuposto do TOPSIS é que os critérios são monotonicamente crescentes ou decrescentes. A normalização é normalmente necessária, uma vez que os parâmetros ou critérios têm frequentemente dimensões incongruentes em problemas multicritérios. Os métodos compensatórios, como o TOPSIS, permitem compensações entre critérios, em que um mau resultado num critério pode ser anulado por um bom resultado noutro critério. Isto proporciona uma forma mais realista de modelação do que os métodos não compensatórios, que incluem ou excluem soluções alternativas com base em pontos de corte rígidos. É apresentado um exemplo de aplicação em centrais nucleares.

O processo TOPSIS é efectuado da seguinte forma :

Etapa 1 :

Criar uma matriz de avaliação constituída por m alternativas e n critérios, com a intersecção de cada alternativa e critério dada como ***Xij***. Temos, portanto, uma matriz $(x_{ij})_{m\times n}$.

Etapa 2 :

A matriz $(x_{ij})_{m\times n}$ é então normalizada para formar a matriz

$\mathbf{R}=(r_{ij})_{m\times n}$ utilizando o método de normalização (1)

$$\bar{r}_{ij} = \frac{x_{ij}}{\sqrt{\sum_{k=1}^{m} x_{ij}^2}} \quad i = 1, 2, 3, \ldots m, \quad j = 1, 2, 3, \ldots n \qquad (2)$$

Etapa 3 :

Calcular a matriz de decisão normalizada ponderada

$$t_{ij} = r_{ij} \times w_j \quad \text{where}, \; i = 1, 2, 3, \ldots m, \quad j = 1, 2, 3, \ldots n \qquad (3)$$

Where, $w_j = W_j / \sum_{k=1}^{n} W_k$, $j = 1, 2, 3, \ldots n$, so That $\sum_{k=1}^{n} W_k = 1$ and W_j is

a ponderação original do dado para o indicador v_j, $j = 1, 2, 3 \ldots n$.

Passo 4 :

Determinar a pior alternativa (A_w) e a melhor alternativa (A_b) :

$$(A_w) = \{\langle max(\langle t_{ij} | i = 1, 2, \ldots, m) \mid j \in J\rangle\},$$

$$\{\langle min(\langle t_{ij} | i = 1, 2, \ldots, m) | j \in J+\rangle\} = \{t_{wj} | j = 1, 2, \ldots, n\},$$

$$(A_b) = \{\langle min(\langle t_{ij} | i = 1, 2, \ldots, m) \mid j \in J\rangle\},$$

$$\{\langle max(\langle t_{ij} | i = 1, 2, \ldots, m) | j \in J+\rangle\} = \{t_{bj} | j = 1, 2, \ldots, n\},$$

Onde,

$j+ = \{j = 1, 2, \ldots, n | j\}$ associados aos critérios que têm um impacto positivo,

$j- = \{j = 1, 2, \ldots, n | j\}$ associados aos critérios que têm um impacto negativo.

Etapa 5 :

Calcular a distância ***Lq*** entre a alternativa-alvo ***i*** e a pior condição (A_w).

$$d_{iw} = \sqrt{\sum_{j=1}^{n} (t_{ij} - t_{wj})^2}, \quad i = 1, 2, 3, \ldots, m, \qquad (4)$$

e a distância entre a alternativa i e a melhor condicionada)

$$d_{ib} = \sqrt{\sum_{j=1}^{n} (t_{ij} - t_{bj})^2}, \quad i = 1, 2, 3, \ldots, m. \qquad (5)$$

Em que ***dtw*** e ***dib*** são as distâncias L9 -norm da alternativa-alvo ***i*** às piores e melhores condições, respetivamente.

Passo 6 :

Calcular a semelhança com a pior condição :

$$s_{iw} = d_{iw} / (d_{iw} + d_{ib}), \quad 0 \leq s_{iw} \leq 1, \quad i = 1, 2, 3 \ldots, m. \qquad (6)$$

onde

$s_{iw} = 1$ se e só se a solução alternativa tiver a melhor condição ; e

$s_{iw} = 0$ se e somente se a solução alternativa tiver a pior condição

Passo 7 :

Classificar a alternativa de acordo com s_{iw} ($i = 1, 2, 3, \ldots, m$).

Tabela 4.1 : Dados experimentais da taxa de remoção de material e rugosidade da superfície

Exp não.	Pressão	SOD (mm)	Tamanho	Temperatura	MRR g(/s)	SR H(m)

	(P)		do abdómen H^0	do ar (° C)		
1	5	9	60	30	7.82	1.8701
2	5	7	80	40	7.45	3.0236
3	5	5	100	50	3.91	6.4336
4	6	9	80	50	3.83	4.1992
5	6	7	100	30	5.12	3.5953
6	6	5	60	40	4.286	2.0043
7	7	9	100	40	6.456	3.9436
8	7	7	60	50	5.24	3.9061
9	7	5	80	30	5.57	2.2488

Tabela 4.2 : Válvulas normalizadas de MRR e SR

Exp não.	Pressão (P)	SOD (mm)	Tamanho do abdómen (H)	Temperatura do ar (° C)	MRR (g)/s	SR (Hm)
1	5	9	60	30	0.4561	0.1677
2	5	7	80	40	0.4351	0.2711
3	5	5	100	50	0.2283	0.5785
4	6	9	80	50	0.2237	0.3765
5	6	7	100	30	0.3015	0.3224
6	6	5	60	40	0.25	0.1802
7	7	9	100	40	0.3772	0.3545
8	7	7	60	50	0.3060	0.3503
9	7	5	80	30	0.3253	0.2016

Tabela 4.3 : MRR e SR normalizados ponderados

Exp não.	Pressão (p)	SOD (mm)	Tamanho do abdómen (H)	Temperatura do ar (° C)	MRR (g)/s	SR (Hm)
1	5	9	60	30	**0.3423**	**0.0419**
2	5	7	80	40	0.3263	0.0677
3	5	5	100	50	0.1712	**0.1446**
4	6	9	80	50	**0.1677**	0.0991
5	6	7	100	30	0.2261	0.0806
6	6	5	60	40	0.1875	0.0450
7	7	9	100	40	0.2877	0.0882
8	7	7	60	50	0.2295	0.0875
9	7	5	80	30	0.2439	0.0506

Tabela 4.4: Distância Euclidiana Ideal Melhor MRR & SR

Exp não.	Pressão (p)	SOD (mm)	Tamanho do	Temperatura do ar (° C)	MRR g(/s)	SR H(m)

			abdómen H⁰			
1	5	9	60	30	0.0303	0.0105
2	5	7	80	40	0.0258	0.0061
3	5	5	100	50	0.1495	0.0187
4	6	9	80	50	0.0027	0.0329
5	6	7	100	30	0.0049	0.0175
6	6	5	60	40	0.0221	0.0337
7	7	9	100	40	0.0114	0.0066
8	7	7	60	50	0.0145	0.0159
9	7	5	80	30	0.0058	0.0187

Tabela 4.5: Pontuação e classificação do desempenho

Exp n.º	**Pressão(p)**	**SOD (mm)**	**Tamanho do abdómen U0**	**Temperatura do ar (º C)**	**Pontuação de desempenho**	**Classificação**
1	5	9	60	30	0.2573	6
2	5	7	80	40	0.1923	8
3	5	5	100	50	0.1114	9
4	6	9	80	50	**0.9294**	**1**
5	6	7	100	30	0.2185	7
6	6	5	60	40	0.6035	3
7	7	9	100	40	0.3268	4
8	7	7	60	50	0.2603	5
9	7	5	80	30	0.7787	2

Os limites finais do HAJM, a pressão, o SOD, o tamanho do abrasivo e a temperatura do ar são determinados pela ANOVA, tendo sido efectuada uma análise de dois conselhos de largura de bico variável, consequentemente, a quantidade de MRR, Ra e a relação sinal-ruído são avaliadas pela programação Minitab 19.

Análise de Taguchi: MRR versus pressão, SOD, tamanho do Ab e temperatura do ar

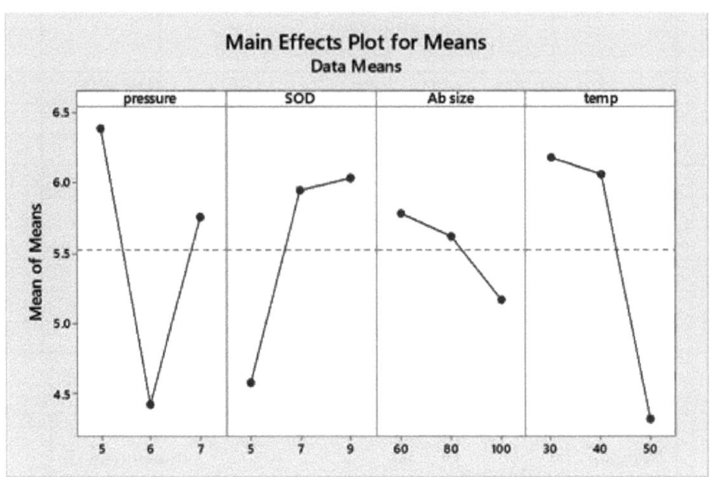

Figura 4.1 : Gráfico de efeitos principais para médias de MRR

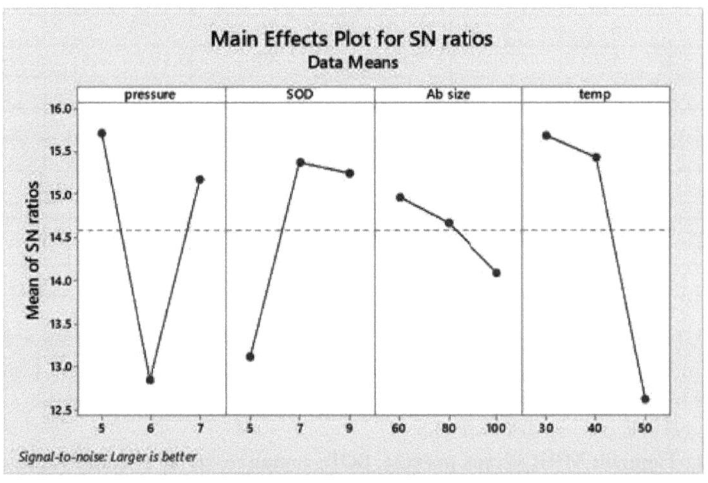

Figura 4.2 : Gráfico de efeitos principais para rácios de SN para MRR

Na figura 4.1 e 4.2 é demonstrado o gráfico de impacto primário para as proporções e médias SN, o gráfico é traçado entre a média de MRR e alguns parâmetros, estes dois diagramas mostram o impacto de alguns factores na média das proporções S/N e a média da taxa final dos materiais traçada para explorar o impacto da maquinação adquirido, é visto a partir do gráfico que mostra o padrão comparativo como descoberto pelo gráfico da média de MRR. Este auxiliar aprova o impacto e o resultado dos parâmetros.

Análise de Taguchi: MRR versus pressão, SOD, tamanho do Ab e temperatura do ar

Tabela 4.6: Tabela de resposta MRR para rácios sinal/ruído

"Maior é melhor"

Nível	**Pressão**	**SOD**	**Tamanho do**	**Temperatura do ar**

			abdómen	
1	15.71	13.12	14.96	15.68
2	12.85	15.37	14.67	15.42
3	15.17	15.24	14.09	12.63
Delta	2.86	2.24	0.87	3.05
Classificação	2	3	4	1

Tabela 4.7 : Tabela de resposta MRR para médias

Nível	Pressão	SOD	Tamanho do abdómen	Temperatura do ar
1	6.390	4.583	5.783	6.184
2	4.424	5.953	5.617	6.062
3	5.758	6.035	5.173	4.326
Delta	1.966	1.452	0.610	1.858
Classificação	1	3	4	2

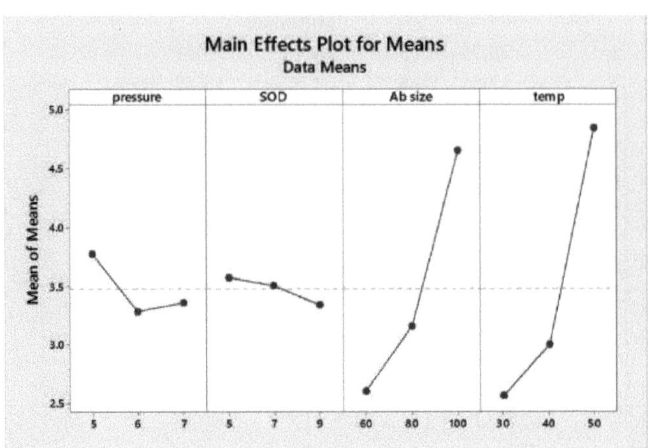

Figura 4.3 : Gráfico de efeitos principais para as médias de SR

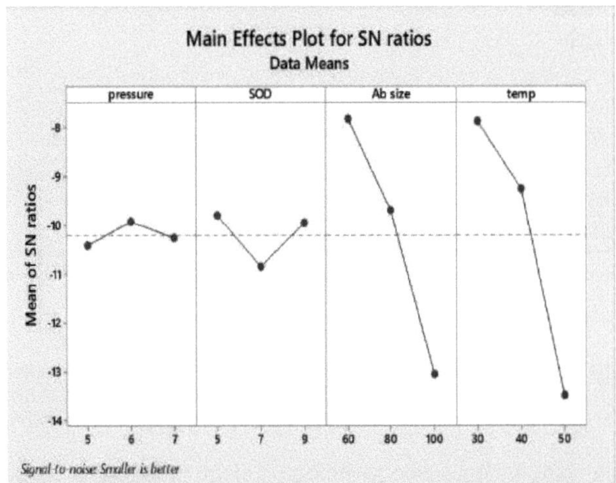

Figura 4.4: Gráfico de efeitos principais para os rácios SN de SR

Nas Figuras 4.3 e 4.4 estão representados os gráficos entre a média da rugosidade da superfície e vários parâmetros. E as figuras mostram o efeito de factores diferentes que procedem da média da relação S/N da taxa de dedução de material traçada, desenvolvendo os resultados de maquinação alcançados. A partir do gráfico, é detectada uma inclinação inversa, tal como é apresentada no gráfico da média da rugosidade da superfície. A inclinação inversa deve-se ao facto de a resposta para a relação sinal/ruído ser do tipo ***"menor é melhor"***. Isto valida adicionalmente as posses e os efeitos dos factores.

Tabela 4.8 : Tabela de resposta SR para rácios de sinal/ruído

"Mais pequeno é melhor"

Nível	Pressão	SOD	Tamanho do abdómen	Temperatura do ar
1	-10.405	-9.789	-7.817	-7.854
2	-9.926	-10.850	-9.692	-9.239

3	-10.248	- 9.939	-13.069	-13.484
Delta	0.479	1.062	5.252	5.630
Classificação	4	3	2	1

Tabela 4.9: Tabela de resposta SR para as médias

Nível	Pressão	SOD	Tamanho do abdómen	Temperatura do ar
1	3.775	3.571	2.603	2.569
2	3.279	3.507	3.154	3.002
3	3.361	3.337	4.658	4.844
Delta	0.496	0.234	2.055	2.275
Classificação	3	4	2	1

Análise de variância (ANOVA) :

A análise de variância (ANOVA) é um conjunto de modelos estatísticos e respectivos procedimentos de estimativa associados, como a "variação" entre grupos e entre grupos, utilizados para analisar as diferenças entre as médias dos grupos numa amostra. A ANOVA foi desenvolvida pelo estatístico e biólogo evolucionista Ronald Fisher. No contexto da ANOVA, a variância observada numa determinada variável é dividida em componentes atribuíveis a diferentes fontes de variação. Na sua forma mais simples, a ANOVA fornece um teste estatístico para determinar se as médias populacionais de vários grupos são iguais e, portanto, generaliza o teste t para mais de dois grupos. A Tabela 4.10 mostra a análise de variância (ANOVA) para a média de MRR.

Tabela 4.10 : Análise de variância

Fonte	DF	Seq SS	Contribuição	Adj SS	Adj EM
Pressão	2	6.0433	35.31%	6.0433	3.0216
SOD	2	3.9923	23.33%	3.9923	1.9961
Tamanho do abdómen	2	0.5965	3.49%	0.5965	0.2983
Temperatura do ar	2	6.4813	37.87%	6.4813	3.2406
Total	8	17.1133	100.00%		

CAPÍTULO - 5

RESULTADOS E CONCLUSÕES

Equação de regressão para MRR e SR

O avanço de um único alvo para as respostas foi conduzido. Foi desenvolvido um código informático utilizando o software MiniTab19 para a otimização paramétrica do processo de maquinagem com jato abrasivo de ar quente, considerando os seguintes parâmetros. A equação de regressão para MRR e SR é mostrada abaixo.

Modelo Linear Geral: MRR versus Pressão, SOD, Tamanho do Abrasivo e Temperatura do Ar

Equação de regressão para a taxa de remoção de material (MRR)

MRR = 5,524 + 0,8660 pressão_5 - 1,100 pressão_6 + 0,2340 pressão_7 - 0,9407 SOD_5 + 0,4294 SOD_7 + 0,5113 SOD_9 + 0,2586 Ab tamanho_60 + 0,09262 Ab tamanho_80 - 0,3512 Ab tamanho_100 + 0,6601 temp_30 + 0,5380 temp_40 - 1,198 temp_50

Modelo Linear Geral: SR versus Pressão, SOD, Tamanho do Abrasivo e Temperatura do Ar.

Equação de regressão para rugosidade da superfície (SR)

SR = 3,472 + 0,3036 pressão_5 - 0,1928 pressão_6 - 0,1108 pressão_7 + 0,09922 SOD_5 + 0,03522 SOD_7 - 0,1344 SOD_9 - 0,8684 Ab tamanho_60 - 0,3178 Ab tamanho_80+ 1,186 Ab tamanho_100 - 0,9024 temp_30 - 0,4698 temp_40 + 1,372 temp_50

Tomada de decisões com critérios múltiplos (MCDM)

A tomada de decisão com critérios múltiplos (MCDM) é utilizada para descobrir as variáveis de decisão enquanto se optimizam objectivos múltiplos simultaneamente com um conjunto de restrições. O presente trabalho é considerado para maximizar o MRR e minimizar a rugosidade da superfície (Rq). Em primeiro lugar, o problema de otimização multi-objetivo é resolvido utilizando o MCDM-TOPSIS e estes resultados são comparados com os resultados do TAGUCHI. Os resultados da melhoria da otimização multi-objetivo para o TOPSIS e os resultados da otimização de objetivo único para o TAGUCHI são apresentados na Tabela 5.1.

S. N O	M R R	SR	Norm a lizado MRR	SR normalizad o	Taxa de rendibilidad e normalizada ponderada	SR normalizad o ponderado	Euclide s e Best	Euclide s um Pior	Pontuação de desempenh o	Classificaçã o
1	7.82	1.87	0.4566	0.1677	**0.345**	**0.0419**	0.03038	0.01053	0.2573	6
2	7.45	3.023	0.4351	0.2711	0.326	0.0677	0.02582	0.006149	0.1923	8
3	3.91	6.433	0.2283	0.5785	0.1712	**0.1446**	0.1495	0.01876	0.1114	9
4	3.83	4.199	0.2237	0.3765	**0.1677**	0.0941	0.00275	0.03292	**0.9294**	1
5	5.162	3.595	0.3015	0.3224	0.2261	0.0806	0.00491	0.01753	0.2185	7
6	4.286	2.004	0.25	0.1802	0.1875	0.0450	0.02219	0.03378	0.6035	3
7	6.456	3.943	0.377	0.3545	0.2827	0.0886	0.01147	0.006646	0.3568	4
8	5.24	3.906	0.3060	0.3503	0.22295	0.0875	0.01452	0.01591	0.2603	5
9	5.57	2.246	0.3253	0.2016	0.2439	0.0506	0.00582	0.01871	0.7787	2

Tabela 5.1 : Resultados após HAJM em várias respostas

RESULTADOS

O presente trabalho fala de estratégia, por exemplo, a proximidade MCDM-TOPSIS baseada na proximidade desenhada para melhorar os parâmetros de maquinação do procedimento HAJM para obter uma reação alcançável ou melhor em PMMA e o fim que a acompanha foi desenhado.

i. Através da ANOVA, o grau de responsabilidade da temperatura do ar quente é maior quando divergente dos vários parâmetros. Desta forma, a temperatura do ar é o fator mais significativo para a maquinação da grelha de visita para minimizar o desagrado da superfície maquinada e aumentar o MRR.

ii. MCDM-TOPSIS O método baseado no método da semelhança é o método técnico mais útil no HAJM do PMMA.

iii. Os parâmetros Pressão, SOD, Tamanho do Ab e Temperatura do Ar e as suas colaborações, influenciam o processo de rebarbação. Com uma RM mais baixa, o tempo de rebarbação aumenta com a separação do mostruário. Com uma MR mais elevada, o tempo de rebarbação começa por diminuir e, ao atingir um valor ideal, aumenta com o SOD

iv. No MCDM-TOPSIS, o MRR mais elevado é medido em 0,345 mm3/min a 5 bares de pressão, distância de afastamento de 9 mm, tamanho do abrasivo de 60 mícrons e temperatura do ar a 30° c. Detecta-se que os parâmetros óptimos para uma maior MRR a 5 bar de pressão, 9 mm de distância entre os pontos, tamanho do abrasivo de 60 microns e temperatura do ar a 30° c.

v. No MCDM-TOPSIS, a menor rugosidade da superfície é medida em 0,04195pm a 5 bar de pressão, 9 mm de distância entre eixos, tamanho do abrasivo de 60 mícrons e temperatura do ar a 30°C. Detectou-se que os factores mais importantes para a menor rugosidade da superfície são a pressão de 5 bar, a distância de 9 mm entre os dois lados, o tamanho do abrasivo de 60 microns e a temperatura do ar a 30° c.

CONCLUSÃO

Na presente investigação, o MCDM-TOPSIS é utilizado para determinar os parâmetros óptimos do processo, utilizando uma função multi-objetivo para obter melhores respostas de saída. A variação entre os resultados TOPSIS e os resultados Taguchi é observada na otimização dos parâmetros do processo em HAJM para obter melhores respostas de maquinagem, como mostra a Tabela 5.2.

Tabela 5.2 : Variação entre os resultados TOPSIS e os resultados Taguchi

Método de otimização	Resposta	Valor	Pressão (P)	SOD (mm)	Tamanho do abdómen H^0	Temperatura do ar (° C)
Taguchi	MRR em g/s	0.1677	6	9	80	50
	SR em pm	0.09412	6	9	80	50
Topsis	MRR em g/s	0.3423	5	9	60	30
	SR em pm	0.0419	5	9	60	30

CAPÍTULO - 6

ÂMBITO DE APLICAÇÃO FUTURA

1. O presente exame foi efectuado em material PMMA, por assim dizer. Este exame experimental pode ser efectuado adicionalmente em alguns materiais duros, como amálgamas de tungsténio, materiais compósitos, materiais de aviação, materiais duros que utilizem AJM.
2. Será efectuado um maior número de experiências utilizando diferentes tipos de bicos cerâmicos, tais como carboneto de tungsténio, carboneto de boro, etc.
3. A operação de maquinagem será efectuada no material frágil e dúctil.
4. O trabalho experimental será efectuado com diferentes tipos de pó abrasivo e respectivas granulometrias.
5. O jato abrasivo é insuficiente para materiais espessos (uma vez que perde vitalidade devido à fricção com o material da peça de trabalho) e a questão da diminuição ao longo da profundidade de corte são alguns dos seus impedimentos, a utilização de vários planos será investigada para cortar materiais mais espessos e diminuir a diminuição ao longo da espessura.

Bibliografia e referências

A. LIVROS DE TEXTO :

1) Processos Avançados de Maquinação " Vijay K. Jain".
2) Guia Rápido para a Medição da Rugosidade da Superfície. Guia de referência para laboratório e oficina, Boletim No. 2229.
3) Manual do Operador do Talysurf Intra. Publicação K505/46 Edição 1.5, junho de 2002.
4) Research Methodology Methods And Techniques, C R Kothari, Gaurav Garg, new age international (p) limited, publishers.
5) Um Livro de Texto de Química de Engenharia Por Shashi Chawla , Dhanpat Rai &Co.(Pvt)Ltd. Publicações Educacionais e Técnicas.

B. WEBSITES :

6) www.scopus.com
7) https://www.sciencedirect.com
8) https://my.indiamart.com
9) https://www.wikipedia.org/
10) https://www.scopus.com/home.uri
11) https://www.springer.com/in
12) https://www.academia.edu
13) www.nptel.iitm.ac.in

C. JORNAIS :

14) P. Muni Pavan Kumar Reddy & Y Rameswara Reddy . "*Investigação* Experimental *dos Parâmetros de Maquinação para AJM utilizando Liga Nismónica 75"* (IJTIMES), agosto-2018,(126-135).
15) N. Jagannatha, S.S. Hiremath, *"Análise e Otimização Paramétrica da Maquinação Abrasiva a Jato de Ar Quente para Vidro Utilizando o Método de Taguchi e o Conceito de Utilidade"* (IJMME), janeiro de 2012,(9-15).
16) N.Jagannatha, S. Hiremath Somashekhar, *"Maquinação de vidro de cal sodada utilizando jato de ar quente abrasivo: Um estudo experimental"* Machining Science and Technology - julho de 2012, (459-472).
17) A. El-Domiaty, H. M. Abd El-Hafez, and M. A. Shaker, *"Drilling of Glass Sheets by Abrasive Jet Machining"* World Academy of Science, Engineering and Technology International Journal of Mechanical, Aerospace, Industrial, Mechatronic and Manufacturing Engineering Vol:3, No:8, 2009,(872-8).
18) Ahmed Nassefl, Ahmed Elkaseerl,2, El ShimaaAbdelnasser, *"Perfuração a jato abrasivo de folhas de vidro: Efeito e otimização dos parâmetros do processo na fita de corte"* Avanços em Engenharia Mecânica 2018, Vol. 10(1) 1-10.
19) V Srikanth, M. Sreenivasa Ra, *"Abrasive Jet Machining- Research Review"* Jornal Internacional de Engenharia Avançada Tecnologizando J Adv Eng. Tech/Vol. V/Issue II/abril-junho,2014/18-24.
20) K. Anand Babul, P. Venkataramaiahl e P. Dileep2, *"Otimização baseada na similaridade do AHP-DENG dos parâmetros do processo WEDM do composto Al / SiCp"* Columbia International Publishing American Journal of Materials Science and Technology (2017) Vol. 6 No. 1 pp. 1-14.
21) Siva prasad PV e noorulHaq, *"uma técnica baseada na semelhança entropia-deng para a*

*otimização da modelação das variáveis de processo para a microperfuração a laser da liga x"(*jsandir).aprill-2019 pp(223-230).
22) Madhu.S, *"Nozzle Design And Material In Abrasive Jet Machining Process- A Review"* International Journal of Applied Engineering Research, ISSN 0973-4562 Vol. 10 No.33 (2015),(25526-25533).
23) Eshwar Pawar, *"A Review Article on Acrylic PMMA"* IOSR Journal of Mechanical and Civil Engineering (IOSR-JMCE) e-ISSN: 2278-1684,p- ISSN: 2320-334X, Volume 13, Issue 2 Ver. I (Mar. - Apr. 2016), PP 01-04.
24) Bhaskar Chandra&, Jagtar Singh, *Um estudo do efeito dos parâmetros do processo de maquinagem por jato abrasivo,* (IJEST),(504-513)
25) Sudesh Garg, Ravi Kumar Goyal,*" A Study of Surface Roughness in Drilling of AISI H11 Die Steel using Face Cantered Design"* IJIRST, maio de 2015,(464-474).
26) Bhaskar Chandra Kandpal1* Naveen Kumar2 Rahul Kuma, *"Machining Of Glass And Ceramic With Alumina And Silicon Carbide In Abrasive Jet Machining"* Ijaet/Vol.Ii/ Issue Iv/October-December, 2011/251-256.
27) Varun R, Dr. T S Nanjundeswaraswamy *"Uma revisão da literatura sobre os parâmetros que influenciam a usinagem a jato abrasivo e a usinagem a jato de água abrasiva"* Journal of Engineering Research and Application. ISSN: 22489622 Vol. 9, Edição 1 (Série -I) Jan 2019, pp 24-29.
28) Ahmad JafarnejadChaghooshi, Hossein Janatifar e MaedehDehghan. (2014). *Uma aplicação de AHP e abordagem baseada em similaridade para seleção de pessoal.* International Journal of Business Management and Economics, 1(1), pp. 24-32.
29) El ShimaaAbdelnasser, Ahmed Elkaseer, Ahmed Nassef *"Modelação e Investigação Experimental da Maquinação a Jato Abrasivo de Vidro"* Port Said Engineering Research Journal. Volume (20) No. (1) março de 2016 pp:1-10.
30) Zlatko Pavic, VedranNovoselac "Notes on TOPSIS Method" www.ijres.org Volume 1 Issue 2 I June. 2013 I PP.05-12.
31) Dr. Ling Xu & Dr. Jian-Bo Yang *"Introduction to Multi-Criteria Decision Making and the Evidential Reasoning Approach"* Manchester School of Management University of Manchester Institute of Science and Technology. ISBN : 1 86115 111 X. Email : Ling.Xu@umist.ac.uk.

Printed by Books on Demand GmbH, Norderstedt / Germany